JN086798

ゲーム作り
で楽しく学ぶ

Python
のきほん

森 巧尚――[著]

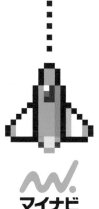

マイナビ

本書のサポートサイト

本書のサンプルファイル、補足情報、訂正情報を掲載してあります。
適宜ご参照ください。
https://book.mynavi.jp/supportsite/detail/9784839973568.html

はじめに

この本は、**プログラミングの初心者がゲームを作りながら楽しく学んでいく入門書** です。

「プログラミングって難しそう……」
「Pythonって聞いたことはあるけど、私にできるかな？」
と思っている人は多いのではないでしょうか。

未知の世界へ冒険に出るときは、誰でも不安に思うものですよね。そこで本書では、「**かんたんなゲーム**」を作りながら、楽しくプログラミングを学習していきます。追いかけゲームや、ブロック崩し、シューティングゲームなども作っていきますよ。

とはいうものの、未知の世界へ旅立つときは、防具や武器などの装備が必要です。プログラミングの世界でも旅立つときは、基本中の基本は装備しておかないと、思うように進めません。そこで、「PART1 Pythonを学ぼう」と「PART2 ゲームを作ろう」の2パート構成で進めていきます。

PART1は、Pythonの基本です。ですが、基本といいつつ、すぐいろいろなミニアプリ風のプログラムを作っていきますよ。プログラミングで一番楽しいのは、
「**自分で作ったプログラムが動いた！こんなことができるようになった！**」
という瞬間です。この瞬間はたくさん味わいましょう。ですから、この本では、ミニアプリ風のプログラムをたくさん作っていきます。たくさん作って、楽しさと知識のレベルを上げていきましょう。

レベルが上がってきたら、次はもう少し大きなプログラムへの挑戦です。それが、PART2のゲームを作る実践編です。この段階はプログラムの基本とは違い、「**少し高いところから眺める目**」が必要になります。ゲーム全体を眺めて、ゲームを部品に分けてしくみを考え、最後に組み合わせて作っていきます。PART2では、この練習をしていきます。

いつも遊んでいる市販のゲームは、とても複雑で考えられないようなしくみでできているように思えますが、実は整理して見てみると、シンプルなしくみの部品の組み合わせでできていることがわかります。だって、人間が作っているのですから。部品を大量に使って作っているので大変なのですが、部品を少しだけ使うなら、やさしくゲームを作ることができます。まずはシンプルなゲームを作ってから「**しくみを少しずつ増やしていく練習**」を体験してみましょう。

この本では「ものすごいゲーム」は作れませんが、「**自分の手の届く距離のゲーム**」が作れます。アレンジも、改造も、工夫次第です。そしてその次は、「**自分の頭で考えた、自分だけの新しいプログラム**」へと挑戦していきましょう。

冒険は、まだまだ続きます。
そしてこの本が、その冒険に進むきっかけとなれば幸いです。

2021年5月　森 巧尚

もくじ

PART 1 Python を学ぼう

こんにちは。ボクは Python にくわしいカエルです。
本書ではプログラミングの初心者が楽しく学習できるよう、いろいろな工夫をしているんです。

本書の使いかた

1. 学習と実践の2パート構成

PART 1では Python の基本をしっかり学習し、PART 2では実際にゲームを作りながらプログラミングの実践を体験していきます。自分が書いたプログラムが動くことを実感しながら進められるので、基本がしっかり身につきますよ。

PART **1**
Python の基本を
学習

PART **2**
ゲームを作って
プログラミングの実践

2. カエルくんがやさしく教えてくれる

本書は、できるだけていねいに、難しい話をやさしく説明していきます。ときどき「カエルの長老」が顔を出してくわしい話を始めますが、長老の話は難しめなので、最初は読み飛ばしちゃいましょう。でも、いろいろわかってから読み直してみると、実は面白い話だったと気づくかも。

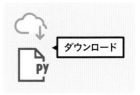

やさしく
説明するよ

COLUMN
くわしく知りたい人の
ためのコラムじゃ

3. サンプルファイルが付いてくる

がんばって書いたはずなのにうまく動かないと、悲しい気持ちにもなりますよね。でも大丈夫! 本書にはサンプルファイルが付いているんです。自分が書いたプログラムと見比べるもよし、コピペするのもよし、動きを確認するために一部を変更してみるのもよし、あなたが学習を続けやすい方法でサンプルファイルを使ってみてください。

ダウンロード

PY

ただし、サンプルファイルでゲームが遊べればそれでいいや、というのはおすすめしません。

せっかくプログラミングに挑戦するのですから、自分で書いて動かして「わかった！」の瞬間を逃さないようにしましょう。どうしても動かないときにサンプルを覗いてみる……というやり方がおすすめです。

ダウンロードの詳細やサンプルファイルについての注意事項はP.012を確認してください。

ゲーム作りの流れ

PART 2ではさっそくゲームを作っていきます。基本的に以下の流れで進むと覚えてください。

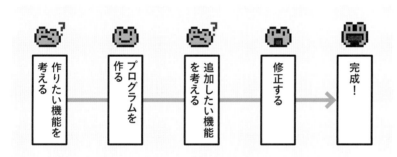

また、プログラムの横には赤字で解説を入れたり、本文の解説に応じた番号などを記載しています。

サンプルファイルの指定もあるので、参考にしてみてくださいね。

 入力プログラム（ **testXX_X.py** ）◀ サンプルファイルがあるときはここで指定しています

```
def add2(a, b) ── 関数add2を作る（aとbを渡すと足した値が戻る）
    ans = a + b ── 変数ansにaとbを足した値を入れる
    return ans ── 変数ansを戻す
```

プログラムの中で何をしているか説明があるので迷わず学習をすすめられます

本書のサンプルファイルについて

本書で解説しているサンプルファイルは以下のサイトからダウンロードできます。
https://book.mynavi.jp/supportsite/detail/9784839973568.html

■ 実行環境

Python
本書では Python 3.9.1 を使用して解説しています。

OS
Windows10、macOS 10.15（Catalina）

■ 配布ファイル

「samplesrc」フォルダ
サンプルプログラムのファイルです。

「images」フォルダ
本書で使用するサンプルの画像ファイルです。

「sounds」フォルダ
本書で使用するサンプルの音声ファイルです。

- 使い方の詳細は、本書内の解説を参照してください。

- サンプルファイルの画像データやその他のデータの著作権は著者が所有しています。このデータはあくまで読者の学習用の用途として提供されているもので、個人による学習用途以外の使用を禁じます。許可なくネットワークその他の手段によって配布することもできません。

- 画像データに関しては、データの再配布や、そのまままたは改変しての再利用を一切禁じます。

- スクリプトに関しては、個人的に使用する場合は、改変や流用は自由に行えます。

- 本書に記載されている内容やサンプルデータの運用によって、いかなる損害が生じても、株式会社マイナビ出版および著者は責任を負いかねますので、あらかじめご了承ください。

1

Pythonって なに？

こんにちは。ボクはPythonにくわしい ちょっと変わったカエルです。Python をやさしく、わかりやすく学びたいあな たにぴったりな方法があります。それは 「小さくてもいいので、アプリを作りな がら学ぶこと」です。動くアプリを作る と、楽しく納得しながら作れますよ。

CHAPTER

1.1
Pythonを始めよう

> さあ、一緒に
> Pythonの世界へ
> 冒険に
> でかけましょう。

こんにちは。ボクはちょっと変わったカエルです。カエルだけど、Pythonのことをいろいろ知っているんです。あなたは「プログラミングには興味があるけど難しそう。やさしく、わかりやすく理解したい」って言ってましたよね。

そんなあなたにぴったりな「プログラミングを学ぶ方法」があります。それは「**小さなアプリを作りながら学ぶこと**」です。

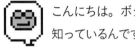 プログラムはアイデアを形にできる

プログラミング言語は「コンピュータを動かすためのもの」です。だから文法だけを勉強しても、結局「どんなことに使えるのかよくわからない」ということになりがちなんです。文法も大事だけど、「これにどんな意味があるのか?」「どんなことに使えるのか?」と、具体的に理解しながら学んでいくほうが、腑に落ちることがあります。

そこでこの本では、「**具体的にアプリを作ること**」に注目して進めていきます。プログラミングで「こんなものができる」とわかると、「私ならこんなものを作ってみたい」と、少しだけ挑戦してみたくなってきます。

プログラムの素晴らしいところってここなんです。**自分で考えたアイデアを形にできる**んです。

Python はシンプルでわかりやすい言語

世の中にプログラミング言語はたくさんありますが、初心者にぴったりなプログラミング言語があります。それは **Python** です。

Pythonは実は何十年も昔からあります。プログラム

python™

をシンプルに書けるため、「**人間は考えることに集中できる**」、人にやさしいプログラミング言語です。

「人間にやさしい」ということは、逆にいうとパソコンには負荷がかかります。パソコンのパワーが弱かった時代は処理が重く、今ほどの人気はありませんでした。しかし月日は流れ、今のパソコンは十分に性能が上がりました。Pythonが軽快に使えるようになったのです。

■

考えることに集中できるPythonは、研究者の間で注目を浴びるようになりました。Pythonが、「人工知能」や「データ分析」などの分野で活躍しているのはこういう理由があるからなんです。
「プログラムをシンプルに書ける」ということは、研究者だけでなくプログラミングの初心者にもうれしいことです。コンピュータ特有のめんどくさいメモリ管理に悩まされることなく、わかりやすくプログラムの基本を学べます。

Pythonはいろんなものを作れるオールラウンダー

Pythonには「いろいろなものを作ることができる」というメリットもあります。多くのプログラミング言語には、JavaScriptはWebページ、PHPはWebサーバー、C言語はハードウェアといったように、「この言語を学んだら、この分野」という得意分野があるのです。その点、Pythonは「人工知能」や「データ分析」以外にも「Webアプリ」「デスクトップアプリ」「IoT」など、いろいろなものを作れる幅の広い言語です。
あなたはYouTubeやInstagramを使ったりしていますか？ あれも実はPythonで作られているんですよ。他にもPinterestや、Dropbox、GoogleのApp Engineなど、多くのアプリやサービスにPythonが使われています。気がつかないだけで、Pythonってわりと身近にあるのです。

ゲーム作りはプログラミングを学ぶ最適解

そしてPythonは、なんと「ゲーム」まで作れるんです。
「ゲームを作る」というと、なんだか遊びのように聞こえるかもしれません。でも「**こんなものが作りたい**」と想像して「**どうやれば作れるか**」を考えて計画し、「**実際に手を動かして**」作り、「**思うように動かなかったら解決方法を考えて**」修正する、この方法って、実はどんなアプリ開発にも共通する作り方です。
「**ゲーム作りを体験することでアプリ開発の練習**」ができるんです。

■

そういうわけで、この本ではPythonでゲームを作りながらプログラミングを学んでいきます。プログラミングを全然知らなくても大丈夫。前半のPART 1で「Pythonの基本」をしっかり学んでから、後半のPART 2で「ゲーム作り」をしていきますからね。
自分で考えたゲームやアイデアを形にできる瞬間はとても楽しいですよ。

まずは、
あなたのパソコンに
Pythonを
インストール
しましょう。

CHAPTER
1.2
Pythonの
インストール

それでは、最初にPythonのインストールから始めましょう。お手持ちのパソコンは、Windowsですか？ macOSですか？ 現在はPython 3が主流ですが、買ってきたばかりのパソコンにはPython 3は入っていません。

そこで、インストールする必要があるのです。

インストール方法は簡単。Pythonのサイトから、インストーラーをダウンロードして実行するだけです。しかも無料です。最新版をインストールしましょう。

Windowsにインストールするとき

1 インストーラーをダウンロードします。

まず、Pythonの公式サイトから、インストーラーをダウンロードします。

Pythonの公式サイトのダウンロードページ

https://www.python.org/download/

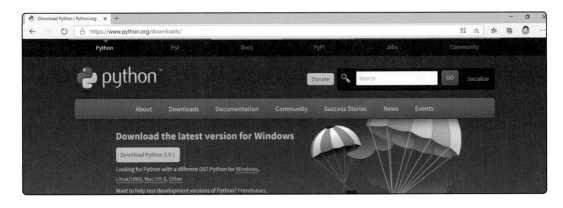

Windowsでアクセスすると、自動的にWindows版のインストーラーが表示されます。［Download Python 3.x.x］のボタンをクリックし、画面の下の［保存］ボタンをクリックしましょう（xには数字が入ります。例えば、下の図であれば［Python 3.9.1］となります）。

2 インストーラーを実行します。

画面の下の表示が右図のように変わるので、［実行］ボタンをクリックして、インストーラーを実行します。

3 インストーラーの項目をチェックします。

インストーラーの起動画面が現れます。ダイアログの下の［Add Python 3.x to Path］にチェックを入れてから、［Install Now］をクリックします。

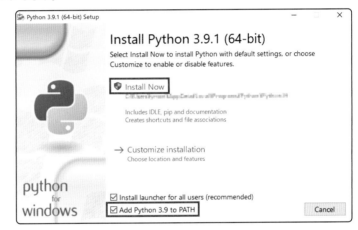

4 インストーラーを終了します。

インストールが完了したら「Setup was successful」と表示されます。これでPythonのインストールは完了です。［Close］ボタンを押して、インストーラーを終了しましょう。

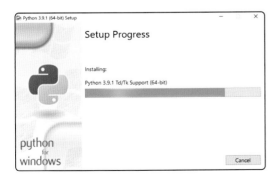

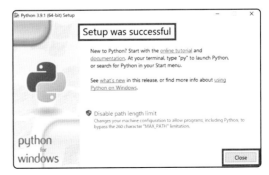

 # macOSにインストールするとき

1 インストーラーをダウンロードします。

まず、Pythonの公式サイトから、インストーラーをダウンロードします。

> Pythonの公式サイトのダウンロードページ
> **https://www.python.org/download/**

macOSでアクセスすると、自動的にmacOS版のインストーラーが表示されます。［Download Python 3.x.x］のボタンをクリックしましょう（xには数字が入ります。例えば、下の図であれば［Python 3.9.1］となります）。

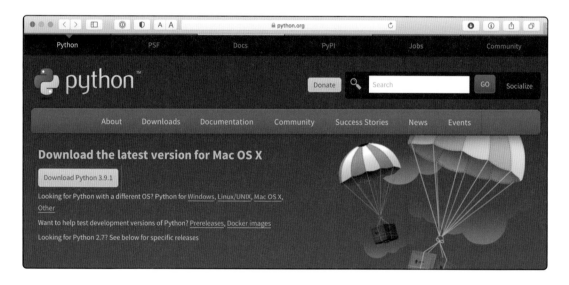

2 インストーラーを実行します。

ダウンロードしたインストーラーを実行します。Safariの場合、ダウンロードボタンを押すと今ダウンロードしたファイルが表示されますので、［Python-3.x.x-macosx 10.x.pkg］をダブルクリックして実行します。

3 インストールを進めます。

「はじめに」の画面で［続ける］をクリックします。

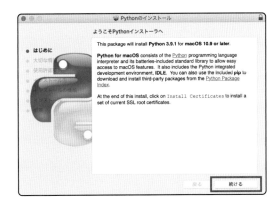

「大切な情報」の画面で［続ける］をクリックします。

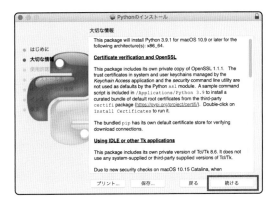

「使用許諾契約」の画面で［続ける］をクリックします。

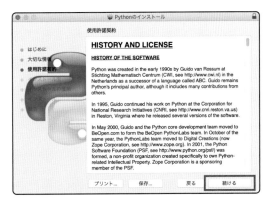

すると同意のダイアログが現れます。［同意する］をクリックします。

1

Pythonってなに？

4 **macOSへインストールします。**

「インストール」の画面で［インストール］を
クリックします。

すると「インストーラが新しいソフトウェアをイン
ストールしようとしています。」とダイアログが現
れるので、macOSのパスワードを入力して、
［ソフトウェアをインストール］をクリックします。

5 **インストーラーを終了します。**

しばらくすると、「インストールが完了しました。」
と表示されます。これでPythonのインストール
は完了です。［閉じる］ボタンを押して、インス
トーラーを終了しましょう。

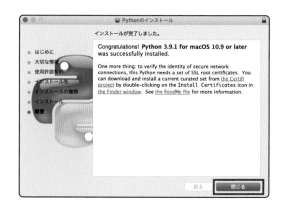

IDLEを起動して、
Pythonに
触れてみましょう。
Pythonを手軽に
試せるアプリです。

CHAPTER
1.3
IDLEでPythonに
触れてみよう

IDLEを起動しよう

Pythonをインストールすると、Pythonを簡単に使えるアプリも一緒にインストールされます。それが
「**IDLE**」です。

IDLEは、**手軽にPythonを実行するためのアプリ** です。Pythonの動作確認をしたり、初心者の勉
強に向いています。上級者になってきたら、高度な開発アプリでPythonプログラミングを行えばい
いと思いますが、最初のうちは、「**自転車のように手軽なIDLE**」を使いましょう。

WindowsとmacOSではIDLEを起動するまでの手順が違いますが、起動したあとは同じです。
それでは起動してみましょう。

Windowsで起動するとき

1. スタートメニューから、[Python 3.x.x] →
[IDLE] を選択しましょう。

1
P
y
t
h
o
n
っ
て
な
に
？

2. IDLEが起動して、シェルウィンドウが表示されます。

```
IDLE Shell 3.9.1                                                    —  □  ×
File Edit Shell Debug Options Window Help
Python 3.9.1 (tags/v3.9.1:1e5d33e, Dec  7 2020, 17:08:21) [MSC v.1927 64 bit (AMD64
)] on win32
Type "help", "copyright", "credits" or "license()" for more information.
>>>
```

macOSで起動するとき

1. ［アプリケーションフォルダ］の中の［Python 3.x］フォルダの中のIDLE.appを
ダブルクリックしましょう。

IDLE.app

2. IDLEが起動して、シェルウィンドウが表示されます。

```
●●●                        IDLE Shell 3.9.1
Python 3.9.1 (v3.9.1:1e5d33e9b9, Dec  7 2020, 12:10:52)
[Clang 6.0 (clang-600.0.57)] on darwin
Type "help", "copyright", "credits" or "license()" for more information.
>>> |
```

あいさつしてみよう

IDLEを無事起動できましたか？　「>>>」の後ろでカーソルが点滅しているのは「プロンプト」と
いって、「命令を入力してください。待っています」という状態です。

```
●●●                        IDLE Shell 3.9.1
Python 3.9.1 (v3.9.1:1e5d33e9b9, Dec  7 2020, 12:10:52)
[Clang 6.0 (clang-600.0.57)] on darwin
Type "help", "copyright", "credits" or "license()" for more information.
>>> |
```

なにか入力してみましょう。キーボードから「hello」と入力して［Enter］キーを押して、IDLEに
あいさつしてみましょう。

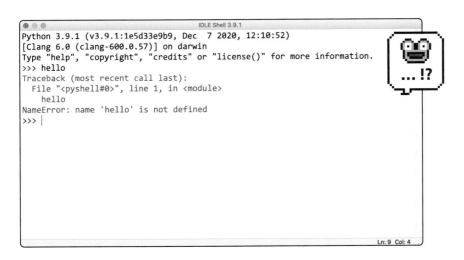

```
●●●                          IDLE Shell 3.9.1
Python 3.9.1 (v3.9.1:1e5d33e9b9, Dec  7 2020, 12:10:52)
[Clang 6.0 (clang-600.0.57)] on darwin
Type "help", "copyright", "credits" or "license()" for more information.
>>> hello
Traceback (most recent call last):
  File "<pyshell#0>", line 1, in <module>
    hello
NameError: name 'hello' is not defined
>>> |
                                                          Ln: 9  Col: 4
```

おや。なにか赤い文字が表示されましたね。これはエラーです。
プログラミングでエラーが出るとあせりますが、大丈夫。コンピュータはなにも「**あなたは、と
んでもない間違いを犯しました**」などと言っているわけではありません。
今回は、わざとPythonが知らない言葉を入力したので、「**その命令は知らないんです。正しく教え
てください**」と言っているのです。
エラーが出たぐらいでコンピュータが壊れることはないので、怖がらずにどんどんエラーを出して練習
していきましょう。正しく入力できればエラーはなくなります。

COLUMN

　コ　ンピュータが出すエラーはだいたい、「その命令は知らないです」「その名前は知
　　　らないです」「それは計算できません」「データが見つかりません」といった、「わ
からないから、正しく教えてください」という質問ばかりだ。そしてその原因は、ほとん
どが「人間の言い間違い」なのだ。プロのプログラマーでも毎日エラーは出しているか
ら気にする必要はないぞ。落ち着いてプログラムを見なおそう。正しく言い直せば、エ
ラーはきれいさっぱり消えて、何事もなかったかのように動いてくれるぞ。

1.4

最初の命令は print

Pythonに命令してみましょう。最初の命令は、printです！

記念すべき最初の命令は…print！

それでは、ちゃんとPythonが知っている命令を入力してみましょう。

一番簡単な命令は『**print( )**』です。

表示する

print(表示する値)

IDLEに、以下のように入力してみましょう。

 入力プログラム

```
>>> print(100)
```

出力結果

```
100
```

すると、命令したとおり**100**が表示されます。**print**は値を表示する命令なのですね。

```
● ● ●                    IDLE Shell 3.9.1
Python 3.9.1 (v3.9.1:1e5d33e9b9, Dec  7 2020, 12:10:52)
[Clang 6.0 (clang-600.0.57)] on darwin
Type "help", "copyright", "credits" or "license()" for more information.
>>> hello
Traceback (most recent call last):
  File "<pyshell#0>", line 1, in <module>
    hello
NameError: name 'hello' is not defined
>>> print(100)
100
>>> |
```

次は、マイナスの小数の数字を入力してみましょう。

📄py 入力プログラム

```
>>> print(-123.45)
```

📄 出力結果

```
-123.45
```

ちゃんと表示されますね。
では、こんな大きな数字ならどうでしょうか？

📄py 入力プログラム

```
>>> print(1234567890123456789012345)
```

📄 出力結果

```
1234567890123456789012345
```

大きな数字も問題なく、ちゃんと表示されることがわかりました。

COLUMN

 こで入力した **print(1234567890123456789012345)** という命令が、あっさり動いているが、実はこれがPythonのすごいところなのだよ。他のプログラミング言語でこんな大きな数字を扱うとだいたいエラーが出る。「こんな普通に使わないような大きな数字は扱えません。特別な指示をしてください」というエラーが出るんだ。だがPythonは、「人間がこんな大きな数字を扱おうとしているのだから、ワタシがなんとかしてあげます」とやさしく対応してくれているのだ。 Pythonには、こういう自然なフォローがあちこちにあるので、「人間が考えることに集中できる」やさしいプログラミング言語なのだよ。

 四則演算に挑戦

コンピュータは電子計算機です。まずは計算からはじめてみましょう。

演算子の種類

記号	説明
+	足し算
-	引き算
*	かけ算
/	わり算

記号	説明
//	わり算の商（整数の答え）
%	わり算の余り
**	べき乗

足し算をしてみよう

まずは足し算から。IDLE に、以下のように入力してみましょう。

 入力プログラム

```
>>> print(1 + 1)
```

 出力結果

```
2
```

計算結果の2が表示されます。

小数の計算もできますよ。

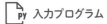 入力プログラム

```
>>> print(12.3 + 45.6)
```

 出力結果

```
57.900000000000006
```

命 令は `print(12.3 + 45.6)`なのに、「**57.9**」ではなく「**57.900000 000000006**」と表示されてしまう。コンピュータなのに、計算間違いがあるなんて変だと思うだろ。実は「コンピュータは小数の計算が苦手」なんだ。コンピュータの内部は2進数を使って計算しているんだが、10進数から2進数に変換するとき、どうしても「丸め誤差」という誤差が生じてしまう。だから、コンピュータで扱う小数は誤差の含まれる「近似値」なんだ。

しかし日常生活で扱う小数は、多くの場合「物の長さや重さ」など、もともと誤差が含まれているような値だ。だから、近似値でもあまり問題にはならない。

ただし、誤差のない厳密な計算を行わないといけない場合もある。そのときは、特別な方法を使って計算するんだ。今はとりあえず、「コンピュータの小数には丸め誤差がある」と覚えておこう。

大きな数の計算もへっちゃらです。こんな大きな数の足し算は計算機でもできないですよ。

📄py 入力プログラム

```
>>> print(1234567890123456789012345 + 12345)
```

📋 出力結果

```
1234567890123456789024690
```

引き算をしてみよう

引き算もできます。

📄py 入力プログラム

```
>>> print(100 - 1)
```

📋 出力結果

```
99
```

かけ算をしてみよう

かけ算の記号は、「×」だとX（エックス）との見分けがつかないので「＊（アスタリスク）」を使います。

 入力プログラム

```
>>> print(2 * 2)
```

 出力結果

```
4
```

わり算をしてみよう

わり算の記号は、「÷」は入力しにくいので、「／（スラッシュ）」を使います。

 入力プログラム

```
>>> print(100 / 2)
```

 出力結果

```
50.0
```

50と整数で表示してしまうと、「ちゃんと割り切れたのか、小数点以下を表示していないだけなのか」の区別がつかないので、**50.0**と小数点以下も表示していますね。

割り切れないわり算をすることもできます。

 入力プログラム

```
>>> print(100 / 3)
```

 出力結果

```
33.333333333333336
```

割り切れないといつまでも終わらないので、ある程度のところで打ち切ります。このとき一番最後の桁がおかしくなることがありますが、これはコンピュータ特有の誤差です。現実問題として、ここまで小さい値にあまり意味はないので、無視して上の桁だけに注目しましょう。

わり算を、商（整数部分）と余りに分けて計算するときは「/」の代わりに「//」と「%」を使います。「//」で商を求めて「%」で余りを求めます。

📄py 入力プログラム

```
>>> print(100 // 3)
```

📄 出力結果

```
33
```

📄py 入力プログラム

```
>>> print(100 % 3)
```

📄 出力結果

```
1
```

100÷3は、商が33で、余りが1と計算されました。

かっこも使えます。かっこに囲まれた部分が先に計算されます。

📄py 入力プログラム

```
>>> print(1 + 2 * 3)
```

📄 出力結果

```
7
```

「1＋2×3」の計算では、足し算や引き算より、かけ算やわり算が先に計算されるので、「2×3」が先に計算されて6、それに1が足されて7になります。

```
>>> print((1 + 2) * 3)
```

```
9
```

かっこがあるとかっこで囲まれた部分が先に計算されるので、「1 + 2」を計算して3、それに3をかけて9になります。

べき乗をしてみよう

べき乗は、「**」を使います。

入力プログラム

```
>>> print(100 ** 2)
```

出力結果

```
10000
```

100の2乗は、10000です。

入力プログラム

```
>>> print(2 ** 100)
```

出力結果

```
1267650600228229401496703205376
```

 2の100乗は……すごい数ですね。

文字列を表示してみよう

文字列を扱うこともできます。Pythonでは、文字列を扱うときは前後を " (ダブルクォーテーション) で囲むか、' (シングルクォーテーション) で囲みます。

文字列の書き方
"文字列"
'文字列'

文字列を表示させてみましょう。

py 入力プログラム

```
>>> print("Hello")
```

出力結果

```
Hello
```

"や'で囲まれた部分には日本語が使えます。ただし注意が必要です。日本語を入力したあとは、つい日本語入力のままにしていて、閉じる"や'が、全角になりがちです。
半角記号でないと「閉じる」ことができずエラーになるので気をつけましょう。
※macOSのIDLEでは、日本語の入力時に［Enter］キーを押すまで、変換途中の日本語がうまく表示されません。入力が難しいときは、別のテキストエディタなどに書いておいてコピー＆ペーストで入力してください。

py 入力プログラム

```
>>> print("こんにちは")
```

出力結果

```
こんにちは
```

P.031の「文字列の書き方」を確認すると、文字列の記号に、"と'の2種類がありますね。これは、「"と'の記号自体」を文字列にできるためです。例えば、「'で囲み始めたら、'で閉じるまでが文字列」なので、その間なら"を入れると普通の文字として表示できるのです。逆の場合も同じです。

 入力プログラム

```
>>> print('私は"おはよう"と言った')
```

出力結果

```
私は"おはよう"と言った
```

出力結果に"が表示されます。うまく考えられていますね。

カンマ区切りで複数の値を表示できる

print( )は、カンマで区切ると複数の値を表示することができます。

複数の値を表示する

print(表示する値 , 表示する値)

カンマで値を並べて表示できるのは、特段何の変哲もない普通のことのように思えますが、これにも重要な意味があります。

「複数の値をまとめて表示できる」便利さはもちろんですが、それ以上に「わかりやすく説明できる」ことが重要なんです。

そもそも「表示」とは何のためにするのでしょうか？ 「結果を見る人間のため」ですよね。単純なプログラムなら、「値だけ」を表示しても、そう困ることはありません。しかしプログラムが複雑になってくると、「それが何の値なのかを人間に伝えること」がとても大切になってきます。いろいろな結果だけが表示されても「1番目の値は○○で、2番目の値は□□だ」と覚えておかないといけないのは、あまりに不親切ですよね。何日か経って実行したら「何の値だっけ？」となってしまいます。人間が間違いをしないためにも「説明」は重要なのです。

例えば、ある計算をカンマを使って表示してみましょう。最初に「10+20=」という文字列で表示させて、その後ろに「10+20」という計算結果を表示させます。

📄py 入力プログラム

```
>>> print("10+20=",10+20)
```

📄 出力結果

```
10+20= 30
```

こうすれば、出力結果だけを見ても「何をした結果なのか」がわかりやすいですね。

「意味のある計算」の場合はもっと重要になってきます。

例えば、「2001年生まれの人が2021年に何歳なのか」を計算したとします。これは、引き算で求めることができそうです。

📄py 入力プログラム

```
>>> print(2021-2001)
```

📄 出力結果

```
20
```

20、つまり20歳なんですね。でも、この結果だけだと何のことだかいまいちわかりません。「説明」を追加してみましょう。

📄py 入力プログラム

```
>>> print("2021年、私は",2021-2001,"歳です。")
```

📄 出力結果

```
2021年、私は 20 歳です。
```

こうすると、意味がわかりやすくなりましたね。このようにプログラムは、「**ただ計算処理をして値を出す**」だけではなく、「**それを見た人間がどう受け取るか**」をいかにしっかり考えられているかで **完成度が違ってくる** のです。

CHAPTER
1.5
ファイルを作って
プログラミング

プログラムを
ファイルに書いて
動かす方法を
学びましょう。

ファイルを作って実行してみよう

さて、これまではIDLEの「シェルウィンドウ」に、1行1行命令を入力して実行していました。

これは「対話型プログラミング」といわれています。

```
                                IDLE Shell 3.9.1
>>> print((1 + 2) * 3)
9
>>> print(100 ** 2)
10000
>>> print(2 ** 100)
1267650600228229401496703205376
>>> print("Hello")
Hello
>>> print("こんにちは")
こんにちは
>>> print('私は"おはよう"と言った')
私は"おはよう"と言った
>>> print("10+20=",10+20)
10+20= 30
>>> print(2021-2001)
20
>>> print("2021年、私は",2021-2001,"歳です。")
2021年、私は 20 歳です。
>>>
                                            Ln: 18  Col: 7
```

でもこれって、プログラムというより、手動で動かしている感じですね。

普通プログラムといったら、「実行！」と命令するだけで、自動的に動く感じがします。

そこで、普通のプログラムの作り方で作っていくことにしましょう。

ファイルを使ったプログラミング です。大きく3つの手順で行います。

ファイルを使ったプログラミングの手順

① 新規ファイルを作って、プログラムを書く。

② ファイルを保存する。

③ 実行する。

①まず「新規ファイル」を作ります。メニュー［File→New File］を選択すると、新しいウィンドウが表示されます。これがプログラムファイルです。このウィンドウにプログラムを入力していきます。

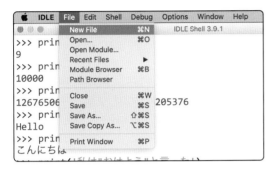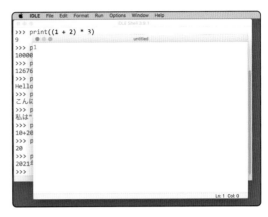

例として、以下の2行の「あいさつプログラム」を入力してみましょう。

📄 入力プログラム（`hello.py`）

```
print("こんにちは")
print("今日はいい雨ですね。")
```

②次に、ファイルの保存をします。メニュー［File→Save］を選択して、ファイル名をつけて［Save］ボタンをクリックしましょう。例えば、［hello］と入力して保存します。
※Pythonファイルの拡張子は、［.py］です。自動的に拡張子がついて［hello.py］という名前で保存されます。

③それでは、このプログラムを実行しましょう。メニュー
[Run→Run Module] を選択します。すると、入力した「プ
ログラムファイル」ではなく、「シェルウィンドウ」にあいさつが
表示されます。

 出力結果

こんにちは
今日はいい雨ですね。

```
IDLE Shell 3.9.1
>>> print(2 ** 100)
1267650600228229401496703205376
>>> print("Hello")
Hello
>>> print("こんにちは")
こんにちは
>>> print('私は"おはよう"と言った')
私は"おはよう"と言った
>>> print("10+20=",10+20)
10+20= 30
>>> print(2021-2001)
20
>>> print("2021年、私は",2021-2001,"歳です。")
2021年、私は 20 歳です。
>>>
============ RESTART: /Users/ymori/Desktop/hello.py ============
こんにちは
今日はいい雨ですね。
>>> |
```
Ln: 30 Col: 4

 無事、あいさつプログラムが実行されました。
これが、ファイルを使ったプログラミングです。

2

プログラムの基本1

順次、変数

プログラムには「3つの基本」があります。それは「順次」と「分岐」と「反復」です。この「3つの基本」は、どのプログラミング言語にも共通します。ですので、この考え方を身につけましょう。覚えておけば別のプログラミング言語も理解しやすくなりますよ。

CHAPTER

2.1
プログラムの3つの基本
順次、分岐、反復

プログラムには、
3つの基本が
あります。
さて、
その3つとは?

プログラムの3つの基本

プログラムには「3つの基本」があります。「**順次**」と「**分岐**」と「**反復**」です。この「プログラムの基本構造」は、どのプログラミング言語にも共通するものです。ですので、Pythonで理解しておけば、別のプログラミング言語を学習するときに理解しやすくなります。

> 順次：上から順番に、実行する
>> ＞コンピュータは、手順を正確に実行する。
> 分岐：もしも～だったら、○○する
>> ＞コンピュータは、**YES/NO**の判断が得意。
> 反復：くり返し、実行する
>> ＞コンピュータは、大量のデータをくり返し処理するのが得意。

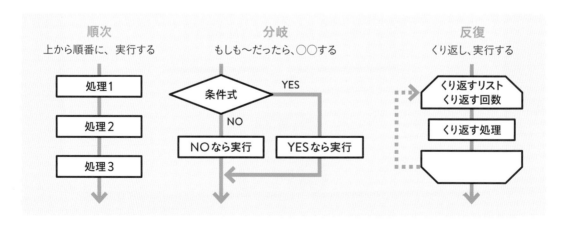

まずは、「**順次**」から見ていきましょう。

2.2

順次
上から順番に、実行する

プログラムは上から
下に順に実行します。
当たり前に思えます
けど実は重要な
ルールなのです。

 順次

順次とは、「**上から下に順番に、実行すること**」です。

たくさん命令が並んでいたら、上から順番に1行1行実行していくことです。きまぐれで途中の命令を
さぼったりするようなことはありません。上から順に、マジメにコツコツ実行していきます。「**コン
ピュータは、手順を正確に実行してくれるから安心感がある**」のはこのためです。

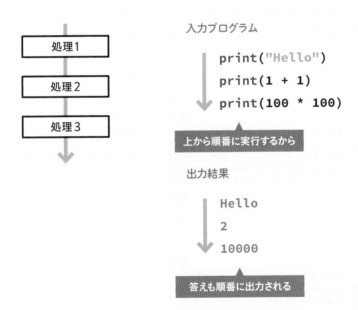

処理1

処理2

処理3

入力プログラム

```python
print("Hello")
print(1 + 1)
print(100 * 100)
```

上から順番に実行するから

出力結果

```
Hello
2
10000
```

答えも順番に出力される

「上から順番に実行する」というのは、すごく当たり前のことのように思えますが、「このルール」は
Pythonで重要な意味を持っています。覚えておきましょう。

2

プログラムの基本1【順次、変数】

データや計算結果は「変数」という箱に入れて保管しますよ。

変数

プログラムにはたくさんの命令が書かれていますが、ただ並んでいるわけではありません。ちゃんと**順番に意味があって** 並んでいます。**手順** はすごく重要なのです。

多くの場合、「上で計算を行って、下でその計算結果を使ってさらに計算する」とか「上でデータを準備して、下でそのデータを調べて判断する」といったように、上から下へデータを引き継ぎながら処理を進めていきます。**処理は「上から下へ流れていく」**のです。

上から順にプログラムを実行するときに使うのが「変数」です。「**データを入れておく箱**」のようなもので、上で変数に値を入れておくと、下で取り出して使うことができるのです。

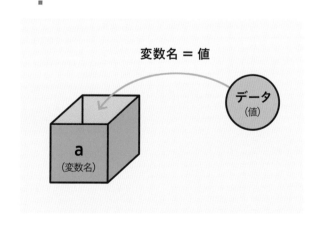

変数名 = 値

データ
(値)

a
(変数名)

変数の作り方は、シンプルです。「**名前をつけて、値を入れるだけ**」です。
具体的には『 **変数名 = 値** 』と書いて作ります。

変数の作り方

変数名 ＝ 値

この変数名は、プログラマーが自由につけることができます。「`age = 18`」や「`price = 1000`」や「`name = "カエル"`」のように、「**何が入っている変数なのか**」が、一目でわかる名前をつけましょう。

変数の名前には、半角のアルファベットを使うのが基本です。全角日本語は使えないこともないですが、バグになりやすいので普通は使いません。また、「`print`」のように、すでにPythonの命令として決まっている単語は使えません。

■

少し変数を作って表示してみましょう。メニュー［File→New File］で［新規ファイル］を作って以下のように入力してください。

📄 入力プログラム（**test12_1.py**）

```
a = 1 ── 変数aに1を入れる
b = 2 ── 変数bに2を入れる
c = a + b ── 変数cに変数aと変数bを足した値を入れる
print(a) ── 変数aの中身を表示。以下変数b、cも同様に処理
print(b)
print(c)
```

ファイルを保存したら、メニュー［Run→Run Module］で実行しましょう。

📋 出力結果

```
1
2
3
```

上から順番に実行されたのがわかりますね。
aに**1**、**b**に**2**が入ったあとで、**c**に**a+b**の計算結果が入り、それらが順番に表示されました。

2
プログラムの基本1【順次・変数】

COLUMN

ち なみに「**print = 1**」のように、「変数名にpythonの命令を使う」と、**print**
命令が上書きされて、変数になってしまうぞ。

そのため、その後「**print(100)**」と命令してもエラーが出るようになってしまうので
気をつけよう。

📄py 入力プログラム（ **test12_2.py** ）

```
print = 1
print(100)
```

📄✓ 出力結果（赤い文字）

```
Traceback (most recent call last):
    File "/Users/xxxx/test.py", line 2, in <module>
    print(100)
TypeError: 'int' object is not callable
```

もしこんなエラーが出ても心配はいらない。「**print = 1**」を「**a = 1**」などに
修正して実行しなおせばいいぞ。

Pythonはいろいろな種類のデータを扱えます。どんな種類があるのでしょうか?

 いろいろなデータ型

Pythonでは、いろいろな種類のデータを扱うことができます。
データには「整数」や「小数」、「文字列」、「コンピュータの判断に使うブール型という種類のデータ」があり、これらの種類のことを「データ型」といいます。

分類	データ型	説明	例
整数型	int	個数や順番に使う	-1,0,1,123
小数（浮動小数点数型）	float	実測値の計算に使う	-1.0,123.45
文字列型	str	文字を扱う	"こんにちは"
ブール型	bool	二者択一に使う	True,False

整数型は、「**int**」という名前です。ものの個数を数えたり、ものの順番を調べるときに使います。「**int**」とは、integer（整数）を略した名前です。

浮動小数点数型（小数）は、「**float**」という名前です。リアルな世界の重さや長さなどに使います。「**float**」とは、浮動・小数点・数を表す floating point number を略した名前です。

文字列型は、「**str**」という名前です。文字列に使います。「**str**」とは、string（文字列）を略した名前です。

ブール値は、「**bool**」という名前です。主にコンピュータが判断するときに使います。正しいときは**True**、間違っていたら**False**の値になります。

2
プログラムの基本1【順次・変数】

COLUMN

な ぜ小数のことを、「**浮動小数点数型（float）**」というのかというと、それは **コンピュータの開発者の苦労の結晶** なのだよ。

コンピュータのメモリは有限なので、変数の1つ1つには、少しずつしかメモリを割り当てることができない。なぜなら、変数の1つに多くのメモリを割り当ててしまうと、全体として扱えるデータの個数が減ってしまうからだ。そこで、なるべく少ないメモリを割り当てるようにしたいのだが、それでリアルな世界を表現するにはどうしても限界がある。例えば、「**1.2345678**」や「**1234567.8**」の数を表現できるようにしようとすると、変数1つで「整数部分に最大7ケタ、小数部分にも最大7ケタの合計14ケタ分のメモリ」を用意する必要が出てきてしまう。しかし「12345678のどこかに小数点を入れる」と考えれば、変数1つで「8ケタ分のメモリ＋小数を入れる位置」だけで実現できる。かなりメモリを節約できることがわかるだろう。これが「**小数点を浮かして動かして表現する**」という浮動小数点数型なのだ。少ないメモリでもリアルな世界になんとか対応しようとした苦労の結晶なのだよ。

 「変数」は、プログラムでとにかくよく使います。 Pythonは、この「変数の使い方がとてもシンプル」です。だから、プログラムをわかりやすく書けるのです。どんな種類のデータ型でも書き方は同じです。変数を作るときは、『**変数名 = 値**』と覚えておきましょう。

例として、いろんなデータ型の変数を作ってみましょう。

 py 入力プログラム（ **test12_3.py** ）

```python
a = 123
b = 123.4
c = "abc"
d = True
print(a,b,c,d)
```

 出力結果

```
123 123.4 abc True
```

すべて違うデータ型を入れていますが、同じように書いて動作していますね。これは実はすごいことなんですよ。「データ型が違う」ということは、コンピュータの内部では違う処理が必要なのです。他のプログラミング言語では、それぞれ違った書き方をしないとエラーになったりします。

しかしPythonは、「**a**には整数を入れたから **int** 型だな」「**b**には小数が入ったから **float** 型だな」と、自動で判断してくれているのです。

また、違うデータ型同士で計算をするときも、自動で判断してくれます。 Pythonはかしこいですね。例えば、整数と小数を足し算してみましょう。

📄 入力プログラム（**test12_4.py**）

```
a = 123
b = 123.4
print(a+b)
```

📋 出力結果

```
246.4
```

「整数と小数の計算なので、計算結果は小数にするべきだな」とPythonが判断してくれています。でも、時にはあえて「**別のデータ型に変換したい**」ということもあります。そのようなときもシンプルに『 **変数 = データ型 (値)** 』と命令するだけでよいのです。このあたりも、他のプログラミング言語と違ってかしこくできています。

違うデータ型に変換する方法

変数 = **float**(値)	浮動小数点数型に変換	
変数 = **int**(値)	整数型に変換	
変数 = **str**(値)	文字列型に変換	
変数 = **bool**(値)	**bool**型に変換	

例として、整数と小数のデータ型を入れ替えてみましょう。

📄py 入力プログラム（ test12_5.py ）

```
a = 123
b = 123.4
print(a,b)
a = float(a) ── 変数aを浮動小数点数型に変換
b = int(b) ── 変数bを整数型に変換
print(a,b)
```

📄 出力結果

```
123 123.4
123.0 123
```

最初は「**a**に整数、**b**に小数」が入ってそのまま表示され、その後浮動小数点数型に変換された**a**と小数点が切り捨てられた**b**が表示されます。

🖳 文字列型

文字列型は、**"**（ダブルクォーテーション）で囲むか、**'**（シングルクォーテーション）で囲んだ文字列を入れて作ります。例えば、変数に「こんにちは」という文字列を入れてみましょう。

📄py 入力プログラム（ test12_6.py ）

```
a = "こんにちは"
print(a)
```

📄 出力結果

```
こんにちは
```

文字列が表示されました。この文字列型は「**足し算の記号**」を使うと連結できるんです。

文字列と文字列の連結

文字列 + 文字列

「かけ算の記号」を使うと、**指定した回数だけ文字列をくり返す** ことができます。

文字列を指定した回数くり返す

文字列 * 数

試してみましょう。

 入力プログラム（ **test12_7.py** ）

```
a = "私は"
b = "カエルです"
c = "Python大好き"
print(a + b) ── 変数aと変数bを連結
print(c * 3) ── 変数cを3回くり返す
```

出力結果

私はカエルです

Python大好きPython大好きPython大好き

a + **b**で**"私は"**と**"カエルです"**が連結され、**c**の**"Python大好き"**は3回くり返されました。
文字列の加工には便利ですが、「数字の文字列」を使うときは注意が必要です。
例えば、**"100"** + **"200"**の足し算をしてみましょう。

 入力プログラム（ **test12_8.py** ）

```
a = "100"
b = "200"
print(a + b)
```

出力結果

100200

結果は、**100200**と出ました。見た目は数字ですが、データ型は文字列型なので、連結されてしまうのです。困りましたね。計算ができません。

このようなときに使うのが「**データ型の変換**」です。『**変数 = int(値)**』で、整数型に変換しましょう。

 py 入力プログラム（ **test12_9.py** ）

```
a = "100"
b = "200"
a = int(a) —— 変数aを文字列型から整数型に変換
b = int(b) —— 変数bを文字列型から整数型に変換
print(a + b)
```

出力結果

```
300
```

正しく計算されました。

😫 ブール型

二者択一のデータを扱うときは、ブール型を使います。

「はい、いいえ」や「YES、NO」や「真、偽」のような、2つの値を持つデータです。**ブール型の値は「True（正しい）、False（間違っている）」の2種類** です。主にコンピュータが何かを判断するときに使います。

ブール型と一緒に使われることが多いのが、「**比較演算子**」です。

2つの値を比較演算子で比較すると、その結果がブール型で返ってきます。

比較演算子

a == b	aとbは同じ
a != b	aとbは違う
a < b	aはbより小さい
a > b	aはbより大きい

「2つを比較したとき、正しければ **True**、間違っていれば **False**」が結果として返ります。
試してみましょう。「1と1は同じか？」「1と2は同じか？」「1と2は違うか？」を調べてみます。

入力プログラム（ **test12_10.py** ）

```
print(1 == 1) ── 1と1は同じか？ を表示
print(1 == 2) ── 1と2は同じか？ を表示
print(1 != 2) ── 1と2は違うか？ を表示
```

出力結果

```
True ── 正しい
False ── 間違っている
True ── 正しい
```

「1と1は同じ」なので **True**、「1と2は同じではない」ので **False**、「1と2は違う」ので **True** が表示されましたね。
変数を使っても比較できます。「 **a** と **b** は同じか？」「 **a** と **b** は違うか？」を調べてみましょう。

入力プログラム（ **test12_11.py** ）

```
a = 1
b = 2
print(a == b) ── 変数aと変数bの値は同じか？ を表示
print(a != b) ── 変数aと変数bの値は違うか？ を表示
```

出力結果

```
False ── 間違っている
True ── 正しい
```

a には **1**、**b** には **2** を入れます。「 **a** と **b** は同じではない」ので **False**、「 **a** と **b** は違う」ので **True** が
表示されました。

 このように比較演算子を使えば、「 **用意した式に当てはまるか、当てはまらないか** 」を調べることができるのです。

CHAPTER
2.5
ユーザーからの入力は、input

人間に質問をする命令があります。それが、input です！

input文

さてこれまでは、「**プログラムを書いて、実行して、結果が出る**」というプログラムばかりでした。「実行したら、表示して終わり」だけでしたが、ここに「**実行時に人間が値を入力できるしくみ**」を追加してみましょう。それが『**input( )**』です。

人間にデータを入力してもらう

変数名 = input("説明")

プログラムを実行したとき、**input( )** の行に来ると「**人間から値が入力されるのを待つモード**」になって、[Enter] キーが押されるまでそこでプログラムが一時停止するようになります。
人間がキーボードから値を入力して [Enter] キーを押すと、一時停止は終わり、次の行へと進んでいきます。
このとき、**input( )** のデフォルトでは「**?**」とだけ表示します。これでは何を入力すればいいのかよくわかりません。そこで「○○の値を入力してください」といった文章をつけて、人間に説明する必要があります。
input( ) を使えば、「一番簡単なインタラクティブアプリ」を作れるようになります。
例えば『2つの数を足すアプリ』を作ってみましょう。

📄py 入力プログラム（**test12_12.py**）

```
a = input("aの値は何ですか?")
b = input("bの値は何ですか?")
print("a+bは", a + b, "です。")
```

050

実行すると「**a**の値は何ですか?」「**b**の値は何ですか?」と聞いてくるので、［1］［Enter］キー、
［2］［Enter］キーと押しましょう。

 出力結果

> **a**の値は何ですか? **1**
> **b**の値は何ですか? **2**
> **a+b**は **12** です。

 おや。「**3**」でなく「**12**」と表示されてしまいましたね。これは「**1**と**2**が文字列として連結」
されているようです。

input( )は、キーボードから入力された値を文字列として受け取る ので、数字を入力しても **文字**
列 として入力されてしまうのです。

では、どうすればいいでしょうか？　このようなときに使うのが「**データ型の変換**」でしたね。

『変数 ＝ **int(** 値 **)**』で、整数型に変換しましょう。

「**input**で入力された値」を**int**の**( )**の中に入れて、整数に変換します。このとき、**int( )**の
中に**input( )**を入れて、1行にまとめてしまうこともできます。

py 入力プログラム（**test12_13.py**）

```
a = int(input("aの値は何ですか?"))  ── 変数aの値を入力してもらい整数型に変換
b = int(input("bの値は何ですか?"))  ── 変数bの値を入力してもらい整数型に変換
print("a+bは", a + b, "です。")
```

 出力結果

> **a**の値は何ですか? **1**
> **b**の値は何ですか? **2**
> **a+b**は **3** です。

今度は、ちゃんと計算されました。

「inputと計算と
print」だけで
簡単な
アプリが
作れますよ！

CHAPTER
2.6
inputと計算で
アプリを作ろう！

 アプリを作ろう

さあ、**input( )** で、ユーザーが値を入力できるようになりました。これと計算を組み合わせると「小さなアプリ」を作ることができますよ。いろいろ作ってみましょう。

 BMI 値を計算するアプリ

『 BMI 値を計算するアプリ 』を作ってみましょう。

ユーザーが「身長」と「体重」を入力すると、肥満度の「BMI 値」を教えてくれるアプリです。

BMI 値は「**BMI = 体重 kg ÷ (身長 m × 身長 m)**」という計算式で求めることができます。入力された値を使って計算しましょう。

ユーザーから値を入力させるとき「**どのように質問するか**」に、気をつけましょう。計算式では「身長が何 m か」という値を使います。しかし、普通の人間の会話では「あなたは、身長何 m ですか?」「1.7 m です。」とはなりません。「身長何 cm ですか?」「170cm です。」となるのが普通ですね。そこで、ユーザーが普通に入力しやすいように cm で入力させましょう。その後、プログラム側で 100 で割ってメートルに変換すればいいのです。

```
print("あなたのBMI値を計算します。")
h = float(input("身長何cmですか?")) / 100.0
w = float(input("体重何kgですか?"))
bmi = w / (h * h)
print("あなたのBMI値は、", bmi, "です。")
```

出力結果

あなたのBMI値を計算します。
身長何cmですか? 170
体重何kgですか? 65
あなたのBMI値は、 22.49134948096886 です。

実行すると、「身長何cmですか?」「体重何kgですか?」と聞いてきます。身長と体重を入力しましょう。 BMI値が表示されます。変数hと変数wの入力はint型でもよいのですが、身長、体重ともに小数で答える人のことも考えてfloat型にしておきました。

紙を折ると、どんな高さになるかアプリ

『 0.1mmの紙を折ると、どんな高さになるかアプリ 』を作ってみましょう。

ユーザーが「折る回数」を入力すると、「紙がどのくらいの高さになるか」を教えてくれるアプリです。紙を折ったぐらいで、そんなに高くなるとは思えませんが、**計算してみるとすごい**んです。

紙を1回折ると2倍、2回折ると4倍、3回折ると8倍と、折るたびに厚さは2倍になっていきます。これは「**n回折ると、2のn乗倍になる**」というべき乗の計算で求めることができます。Pythonでは、2のn乗は「**2 ** n**」で求めることができますね。紙の厚さが0.1mmなら、これに0.1をかければ厚さがわかります。

倍々で増えていくので、実は折る回数が多くなると急激に増え始めるんです。結果は「mm」で表示してもいいですが、増えた場合も考えて、同時に「m」の表示もできるようにしておきましょう。できれば「km」をつけてもいいかもしれませんよ。

```python
print("ここに厚さ0.1mmの紙があります")
times = int(input("何回折りますか?"))
h = 2 ** times * 0.1
print("高さ", h, "mmになります。")
print("高さ", h / 1000, "mになります。")
```

出力結果

```
ここに厚さ0.1mmの紙があります
何回折りますか? 5
高さ 3.2 mmになります。
高さ 0.0032 mになります。
```

5回折りました。高さは3.2mmです。まあ、そのぐらいでしょうね。

出力結果

```
ここに厚さ0.1mmの紙があります
何回折りますか? 26
高さ 6710886.4 mmになります。
高さ 6710.8864 mになります。
```

しかし26回折ると、なんと高さは6710mです。富士山は3776mですから、それよりずっと高くなってしまいました。

出力結果

```
ここに厚さ0.1mmの紙があります
何回折りますか? 42
高さ 439804651110.4 mmになります。
高さ 439804651.1104 mになります。
```

 そして42回折ると高さは439804651m、約44万kmになりました。月までの距離が38万kmですから、月に届いてさらに越えてしまうんですね。すごい。

あなたの出生の秘密アプリ

『あなたの出生の秘密アプリ』を作ってみましょう。

ユーザーが「お母さんの年齢」と「あなたの年齢」を入力すると、「お母さんが何歳のとき、あなたを産んだのか」がわかるアプリです。

 一瞬複雑そうに思えますが、実は「**年齢の引き算**」の単純な計算で作れます。あなたが生まれたのは「あなたの年齢」年前です。つまり、お母さんがあなたを産んだときの年齢は、「**お母さんの年齢 − あなたの年齢**」で求まります。

py 入力プログラム（`birthsecret.py`）

```
print("あなたの出生の秘密を調べてみましょう。")
mother = int(input("お母さんは何歳ですか?"))
you = int(input("あなたは何歳ですか?"))
print("お母さんは", mother - you, "歳の時にあなたを産みました。")
```

 出力結果

```
あなたの出生の秘密を調べてみましょう。
お母さんは何歳ですか? 45
あなたは何歳ですか? 18
お母さんは  27  歳の時にあなたを産みました。
```

 貯金の計画アプリ

『貯金の計画アプリ』を作ってみましょう。

ユーザーが「目標金額」と「何年後に目標達成したいか」を入力すると、「1日何円貯金すればいいか」を教えてくれるアプリです。

目標金額を「年数 × 365」で割れば、1日あたりの貯金額が求まります。

 ただし、結果を表示するとき、「27.397260273972602 円貯金しましょう。」などと小数で表示されるといまいちピンときません。「約 27 円貯金しましょう。」などと整数で表示されるほうが、目標がはっきりしてがんばれる気がしますね。**int( )** で整数化して表示しましょう。

```python
print("貯金の計画を立てましょう。")
goal = int(input("何円貯金してみたいですか?"))
year = int(input("何年後までに貯金したいですか?"))
money = int(goal / (year * 365))
print("1日に、約", money,"円貯金しましょう。")
```

出力結果

貯金の計画を立てましょう。
何円貯金してみたいですか? 100000
何年後までに貯金したいですか? 2
1日に、約 136 円貯金しましょう。

2年間で10万円貯めたいと思ったら、1日136円貯めれば達成できるんですね。がんばれそうですか?

 『BMI 値を計算するアプリ』『紙を折ると、どんな高さになるかアプリ』『貯金の計画アプリ』などは、短いプログラムを実行しただけなので、本当はアプリと呼べるものではありません。
ですが、使い方をイメージすることはすごく大事なので「○○するアプリ」と呼びました。

どうですか？　「ユーザーに値を入力してもらって」「何かの計算を行って」「その結果を表示する」というとても単純なしくみですが、「どんな場面で、どんな計算を行うのか」を考えれば、便利なプログラムはもっといろいろ作れそうですよね。
これぐらいだったら、自分で考えて作ってみたくなりませんか？
最終的に何をやりたいかをイメージすること。これが、使いやすくて面白いプログラムを作るためには大事なんですよ。

3

プログラムの基本 2
条件分岐、
ランダム

プログラムの基本の2つ目は「分岐」
です。分岐は「もしも〜だったら、○○
する」という判断を行う部分です。コン
ピュータが「YES/NOできっぱり判断
するのが得意」なのは、この基本があ
るからです。「コンピュータがどのように
判断しているのか」を見てみましょう。

CHAPTER
3.1
分岐
もしも〜だったら、○○する

> コンピュータは
> 分岐で判断します。
> YESか
> NOか
> で判断するのです。

if文

プログラムの基本の2つ目は「**分岐**」です。

分岐 は、「**もしも〜だったら、○○する**」ときに使います。

この「**もしも〜だったら**」には、ブール型の説明で出てきた「比較演算子」を使います。

おさらいしておきましょう。比較演算子は「**正しければTrue、間違っていればFalse**」になりましたね。

例えば、「scoreが60点以上か?」「80点以上か?」を比較演算子を使って調べてみましょう。

入力プログラム（ **test13_1.py** ）

```
score = 70
print(score >= 60)
print(score >= 80)
```

出力結果

```
True
False
```

scoreに**70**を入れると、「scoreは60点以上か?」には**True**（正しい）が返り、「scoreは80点以上か?」には**False**（間違っている）が返ります。

このように「比較演算子」を使って条件式に合うかどうかを調べ、「**実行する、しないを分岐**」します。分岐はプログラムの基本の1つです。そのため、「**コンピュータは、YES/NOの判断が得意**」なのです。

分岐を行うための命令が「**if文**」です。**if**文は、以下のように書きます。

> if文
>
> **if** 条件式 :
>
>   もしも〜だったらする処理

「正しいときにする処理」の部分は、「**一段インデント（字下げ）**」して書きます。Pythonでは「**インデントしている部分を、ひとまとまり**」として扱います。「正しいときにする処理」が複数行ある場合は、複数行をインデントして書いていきます。
この「インデントしてひとまとまりになっている部分」のことを「**ブロック**」といいます。
IDLEでプログラムを書くときは、「**if 条件式 :**」を書いて［Enter］キーを押すと、次の行が **自動的に一段インデント** されるので、そのまま「正しいときにする処理」を書くことができます。さらに［Enter］キーを押すとまたインデントされるので、複数行を続けて書いていけます。

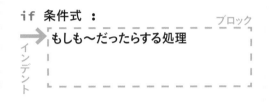

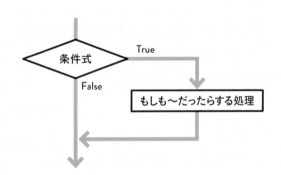

もう **インデントしなくていいときは、［Delete］キー** を押しましょう。インデントを戻すことができます。

それでは、「もしもscoreが80点以上だったら、メッセージを2行表示するプログラム」を作ってみましょう。

📄 入力プログラム（**test13_2.py**）

```
score = 70
if score >= 80:  ── もしもscoreが80以上だったら…
    print("やったね")
    print("この調子でがんばろう")
```

📄 出力結果

score に 70 を入れていますから、「score は 80 以上ではない」ので、なにも表示されませんね。今度は score を 90 に修正して実行しましょう。

 入力プログラム（test13_3.py）

```python
score = 90
if score >= 80:
    print("やったね")
    print("この調子でがんばろう")
```

📄 出力結果

```
やったね
この調子でがんばろう
```

score に 90 を入れていますから、「score は 80 以上」なので、メッセージが表示されます。

COLUMN

Pythonでは「**インデント**」は重要だ。インデントは、「あることをするまとまり」の「ブロック」として使うのだ。

「**if文**」では「もしも〜だったら、すること」の「ブロック」のために使う。

このあと、さらにいろいろな命令が出てくるが、そこでもインデントは使われているぞ。とにかく、Pythonではインデントがよく出てくるので、「**インデントしているところはブロック。何かをするひとまとまり**」と覚えておこう。

ちなみに、IDLEでは［Tab］キーを押すと、「インデント1つ分」が「半角スペースが4文字」で入力される。これは、エディターによって違う場合もある。「Tabのまま」入力されたり、「半角スペースが8文字」で入力されるなど違いはあるが、そのプログラムファイルの中で統一されていれば問題ない。

if else 文

さらに「もしも〜だったら○○して、そうでなかったら□□する」という分岐も行うことができます。

「するか、しないか」の分岐だけでなく、「AをするかB をするか」の分岐も行えるのです。

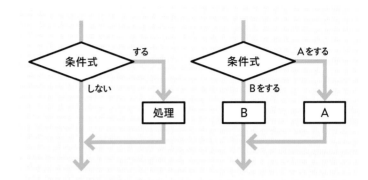

if 文に「**else:**」をつけて、「そうでないときの処理」を追加します。

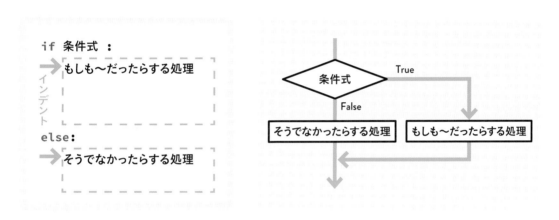

先ほどのプログラムを修正して、「もしも score が 80 点以上だったら、メッセージを 2 行表示して、そうでなかったら"残念"と表示するプログラム」に修正してみましょう。

📄 入力プログラム（**test13-4.py**）

```
score = 70
if score >= 80:     ── もしも score が 80 以上だったら…
    print("やったね")
    print("この調子でがんばろう")
else:     ── そうでなかったら…
    print("残念")
```

残念

scoreに**70**が入っていますから、「scoreは**80**以上ではない」ので、"**残念**"と表示されました。

elif文

さらに条件を増やすこともできます。
「もし条件1だったら○○して、そうでない場合にもし条件2だったら△△して、どちらでもなければ、□□する」という、複数の条件を調べる命令です。

```
if 条件式1 :
    条件式1が正しいときにする処理
elif 条件式2 :
    条件式1が正しくなくて、条件式2が正しいときにする処理
else:
    条件式1も条件式2も正しくないときにする処理
```

「**elif:**」を使います。 **elif**は、**else**と**if**を合体させた命令ですね。この「**elif:**」は同じように増やして、2つ以上の条件で調べていくこともできます。
先ほどのプログラムに、「もしもscoreが**80**以上ではなくて、**60**以上だったら、**"よくできました"**と表示するプログラムを追加してみましょう。

py 入力プログラム（**test13-5.py**）

```
score = 70
if score >= 80:
    print("やったね")
    print("この調子でがんばろう")
elif score >= 60:    —— そうでなくてscoreが60以上だったら…
    print("よくできました")
else:    —— そうでなかったら…
    print("残念")
```

よくできました

scoreに**70**が入っていますから、「scoreは80以上ではなく、70以上」なので、"よくできました"と表示されました。

 飲酒チェッカーアプリ

 それでは、**input**文と**if**文を使って『**飲酒チェッカーアプリ**』を作ってみましょう。
ユーザーが「年齢」を入力すると、「お酒を飲んでいいかどうか」を教えてくれるアプリです。

py 入力プログラム（`liquorcheck.py`）

```python
age = int(input("あなたは何歳ですか?"))
if age < 20:
    print("お酒は二十歳を過ぎてから")
else:
    print("飲み過ぎにご注意ください")
```

 出力結果

あなたは何歳ですか?10
お酒は二十歳を過ぎてから

年齢を**10**と入力すると、「**お酒は二十歳を過ぎてから**」と表示されます。

 出力結果

あなたは何歳ですか?25
飲み過ぎにご注意ください

年齢を**25**と入力すると、「**飲み過ぎにご注意ください**」と表示されます。

3 プログラムの基本2【条件分岐、ランダム】

ランダムについて
紹介しましょう。
ゲームで
重要な
命令ですよ!

 randint

ここで、「プログラムの基本」とは少し違いますが、便利な命令を紹介しちゃいましょう。「何が出るかわからない数」を作れる「**ランダム**」です。

ランダム はゲームでは重要な命令です。ですが、その他の分野でもよく使われる命令ですので、ランダムにはいろいろな種類があります。ここでは、一番簡単な整数のランダムを紹介しましょう。「**random.randint( )**」です。

> ランダムな数を生成する
>
> ```
> import random
> 変数 = random.randint( 最小値 , 最大値 )
> ```

1行目でランダムを使う準備を行い、2行目で最小値〜最大値の範囲でランダムな整数を作ります。

■

サイコロを作ってみましょう。サイコロは、「1〜6のどれかが出る」ので、以下のようになります。

 入力プログラム（`dice.py`）

```
import random
dice = random.randint(1,6)  ── 変数diceに1から6の数字をランダムで入れる
print("サイコロ=",dice)
```

 出力結果

```
サイコロ= 6
```

1回実行しただけだと本当にランダムで値が入っているかわかりませんよね。何回も実行してみましょう。すると、違う値が出てくるのがわかります。

📄✓ 出力結果

```
サイコロ= 4
サイコロ= 1
サイコロ= 2
```

サイコロなので1〜6と指定しましたが、今度は「**randint(1,100)**」と変更してみましょう。すると、普通ではあり得ない1〜100のサイコロを作ることができます。

📄py 入力プログラム（**dice100.py**）

```python
import random
dice = random.randint(1,100)
print("サイコロ=",dice)
```

📄✓ 出力結果

```
サイコロ= 15
サイコロ= 89
サイコロ= 53
```

この調子でぜひ「**randint(1,10000)**」に変更してみてください。1〜10000のサイコロも作れますよ。

if文とランダムを
使って
「コンピュータと
勝負するゲーム」
を作ってみましょう!

CHAPTER
3.3
if文とランダムで
アプリを作ろう

 アプリを作ろう

判断する**if文**と何が出るかわからないランダムがあれば、クイズやゲームのように、**コンピュータと勝負をするアプリ**を作ることができるようになります。少し試してみましょう。

左右を占うアプリ

『**左右を占うアプリ**』を作ってみましょう。

実行すると、コンピュータが「右へ進むべきか、左へ進むべきか」を占ってくれるアプリです。

1〜2のランダムを作り、値が1だったら「右へ」、そうでなかったら「左へ」と表示することで占いを作ります。

 入力プログラム（ **fortune_the_way.py** ）

```python
import random
num = random.randint(1,2) —— 変数numに1〜2のランダムな値を入れる
if num == 1:
    print("右に進みなさい")
else:
    print("左に進みなさい")
```

出力結果

```
右に進みなさい
左に進みなさい
```

実行するたびに、おつげが変わりますよ。

足し算出題アプリ

『足し算出題アプリ』を作ってみましょう。

コンピュータが「足し算の問題」を出して、ユーザーが「答え」を入力すると、「正解か、不正解か」を教えてくれるアプリです。

足し算問題は2つの値をランダムで作りましょう。ユーザーの入力した値と2つを足した値と比べて、「正解」と「間違い」を表示します。ただし間違いだった場合、**ユーザーはきっと正解を知りたいはず**です。「答え」も一緒に表示しましょう。

入力プログラム（`add_quiz.py`）

```python
import random
a = random.randint(1,100)
b = random.randint(1,100)
print("問題：",a,"+",b,"=?")
ans = int(input("答えは？"))
if a + b == ans:
    print("正解です。")
else:
    print("間違いです。答えは、", a + b, "です。")
```

出力結果

```
問題： 22 + 33 =?
答えは？55
正解です。
```

正しい答えを入力すると、「正解」になります。

出力結果

```
問題： 30 + 93 =?
答えは？133
間違いです。答えは、 123 です。
```

間違った答えを入力すると、答えを教えてくれます。

違う文字を探せゲーム

『**違う文字を探せゲーム**』を作ってみましょう。

「問」の文字がたくさん表示されていています。しかし、そのどこかに「間」の文字が入っているのです。「左から何番目にあるか」をユーザーが見つけて入力すると、「正解か不正解か」を教えてくれるアプリです。

文字列は「＊」を使うと、指定した回数だけ文字列をくり返すことができます。変数 **a**、**b** にランダムな値を作って、「問を a 回くり返す」＋「間」＋「問を b 回くり返す」と表示させます。あとは、ユーザーが入力した値が「a + 1」なら「間」の場所を指しているので、「正解か、不正解か」を判断できます。

入力プログラム（ **find_mistake.py** ）

```
import random
a = random.randint(1,15)     — 変数aに1〜15のランダムな値を入れる
b = random.randint(1,15)     — 変数bに1〜15のランダムな値を入れる
print("問"*a +"間"+"問"*b )
num = int(input("間は、左から何番目にありますか?"))
if num == a + 1:
    print("正解!")
else:
    print("間違い",a+1,"番目です。")
```

出力結果

問問問問問問問問問問問問間問問問問問問問問
間は、左から何番目にありますか?12
間違い 15 番目です。

世の中には「問、間」だけでなく、まぎらわしい文字はたくさんあります。違う文字を考えて、ゲームを改造してみましょう。

4

プログラムの基本 3

反復、
たくさんのデータ

プログラムの基本の 3 つ目は「反復」
です。同じ処理を「くり返し」行うしく
みです。それに関連する「リスト」とい
うしくみもあります。これは「変数」と
違い、たくさんのデータを並べて保存
できます。この 2 つがあるおかげで、コ
ンピュータは「たくさんのデータを処理
するのが得意」なのです。

CHAPTER
4.1
たくさんのデータは
リストに入れて使う

たくさんの
データは
「リスト」に
入れて
扱います。

リスト

変数 は「**データを入れる箱のようなもの**」で 値を1つ 入れておくことができました。しかし、データがたくさんあるときは大変です。そのようなときは「**リスト**」を使います。**リスト** は「**データを入れる箱がたくさん並んだようなもの**」です。値をたくさん 入れておくことができます。

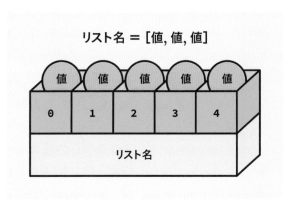

リスト名 = [値, 値, 値]

値 0 / 値 1 / 値 2 / 値 3 / 値 4

リスト名

リストの作り方は「**名前をつけて、[ ]の中に値をカンマで区切って入れるだけ**」です。『**リスト名 = [値 , 値 , 値]** 』と書くだけで使えます。覚えておきましょう。

複数のデータをリスト型にする

リスト名 = [値 , 値 , 値]

リストの中のひとつひとつのデータには、番号でアクセスします。
「**変数名 = リスト名 [番号]**」と指定して、別の変数に値を取り出したり、「**リスト名 [番号] = 値**」と指定して、値を変更します。リストの番号は **0から始まる** ので、リストの **最初（0番目）の データ** にアクセスするには「**リスト名 [0]**」と指定します。

リストの値を取り出す、変更する

変数名 ＝ リスト名［番号］

リスト名［番号］＝ 値

例えば、フルーツリストを作ってみましょう。
リストを作って、「**print(リスト名)**」と
命令すると、中身をすべて表示することが
できます。

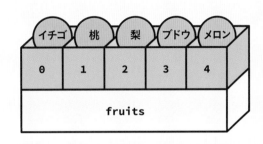

py 入力プログラム（ **test14_1.py** ）

```
fruits = ["イチゴ","桃","梨","ブドウ","メロン"]
```
—— リスト fruits に複数のデータを入れる
```
print(fruits)
```
—— リスト fruits の中身をすべて表示

出力結果

```
['イチゴ', '桃', '梨', 'ブドウ', 'メロン']
```

プログラムでは、それぞれの文字列は**"**で囲まれていましたが、出力結果では**'**で囲まれて表示され
ましたね。文字列を囲むのは**"**でも**'**でもかまわないのですが、Pythonが表示するときは**'**で表示
するようです。

それでは、リストの中の、0番目と、1番目
のデータを表示してみましょう。

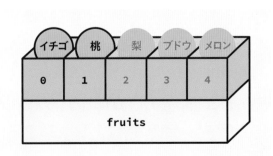

```
fruits = ["イチゴ","桃","梨","ブドウ","メロン"]
print(fruits[0]) ── リストの0番目のデータを表示
print(fruits[1]) ── リストの1番目のデータを表示
```

出力結果

```
イチゴ
桃
```

fruits[0] が0番目のデータ、**fruits[1]** が1番目のデータです。
今度は、1番目と2番目の値を変えてみましょう。

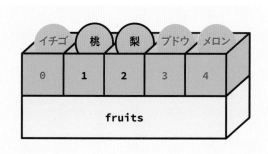

py 入力プログラム（test14_3.py）

```
fruits = ["イチゴ","桃","梨","ブドウ","メロン"]
print(fruits)
fruits[1] = "モモ" ── リストの1番目のデータを"モモ"に変更
fruits[2] = "ナシ" ── リストの2番目のデータを"ナシ"に変更
print(fruits)
```

出力結果

```
['イチゴ', '桃', '梨', 'ブドウ', 'メロン']
['イチゴ', 'モモ', 'ナシ', 'ブドウ', 'メロン']
```

リストを表示すると値が書き換わったのがわかりますね。

リストの中の
データはfor文で
1つずつ取り出して
くり返し
処理できます。

 反復

さて、このような「たくさんのデータ」を扱うときには、プログラムの基本の3つ目の「**反復**」が活躍します。
反復 は、「**同じ処理をくり返す**」ときに使います。

リストにはたくさんのデータが入っていますが、これを **1つずつ取り出して、処理していく** ことができるのです。
この反復が基本の1つなので、「**コンピュータは、大量のデータをくり返し処理するのが得意**」なのです。

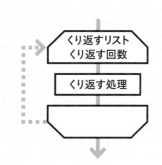

 for文

くり返しを行うには「**for文**」を使います。**for**文は以下のように書きます。

```
for文
for 取り出し用変数  in リスト名 ：
    くり返す処理
```

「リスト」に入っている値を、1つずつ取り出しては「くり返す処理」を行います。このとき、取り出した値を一時的に入れておく場所が必要になります。それが「取り出し用変数」です。「取り出した値」は「くり返す処理」の中で使っていきます。

4

プログラムの基本3【反復、たくさんのデータ】

この「くり返す処理」の部分も、**if**文と同じように**一段インデント**させて書きます。
くり返す処理の「ブロック」です。

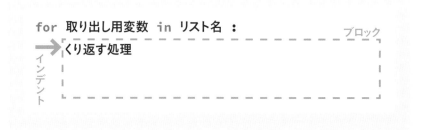

それでは、フルーツリストの値をひとつずつ取り出して、表示してみましょう。

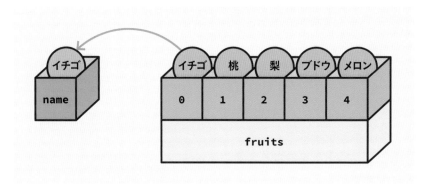

📄 入力プログラム】(**test14_4.py**)

```
fruits = ["イチゴ","桃","梨","ブドウ","メロン"]
for name in fruits: ── リストfruitsのデータを変数nameに1つずつ取り出す
    print(name)
```

📄 出力結果】

```
イチゴ
桃
梨
ブドウ
メロン
```

リストの値が1つずつ表示されました。

合計値を計算

 リストには、いろいろなデータを入れることができるんです。
数値を入れることもできます。

🗒 py 入力プログラム（**test14_5.py**）

```
data = [12, 34, 56, 78, 90]
for value in data:
    print(value)
```

🗒 出力結果

```
12
34
56
78
90
```

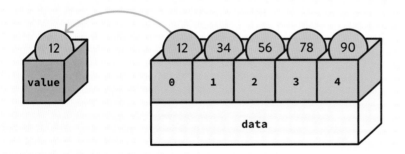

リストに入っているデータが数値の場合、データの合計値を求めるなど、リストのデータを使っての計算ができます。最初に「合計を入れる用の変数」を用意しておいて、これにひとつずつ値を取り出して足していけばいいのです。

「ひとつずつ足していく」ので、「**total = total + value**」という処理を行います。「合計値を入れる変数に、それまでの合計値に、取り出したひとつの値を足して、入れ直す」ということを行っているのです。これをくり返すと合計値が求まります。

入力プログラム（test14_6.py）

```python
total = 0
data = [12, 34, 56, 78, 90]
for value in data:
    total = total + value
print("合計値は、",total)
```

 出力結果

合計値は、 270

平均値を求める

合計値がわかれば、平均値が計算できます。
合計値を「データの個数」で割ればいいのです。

リストに入っているデータの個数は、『 len( ) 』で求めることができます。

> リストに入っているデータの個数を調べる
>
> **len(リスト名)**

試してみましょう。

 入力プログラム（test14_7.py）

```python
data = [12, 34, 56, 78, 90]
print(len(data))  ── リストdataに入っているデータの個数を表示
```

 出力結果

5

データの個数がわかりましたね。
データの個数がわかったので平均値を計算するプログラムを作ってみましょう。

```
total = 0
data = [12, 34, 56, 78, 90]
for value in data:      ── リストdataのデータを変数valueに1つずつ取り出す
    total = total + value    ── 変数totalとvalueを足した値をtotalに入れ直す
print("合計値は、",total)
print("平均値は",total/len(data))
```

出力結果

```
合計値は、270
平均値は 54.0
```

1行追加するだけで、平均値を求めることもできるのです。

CHAPTER
4.3
range
くり返す範囲を決める

回数を
指定して
くり返したいときは
rangeを
使います。

 range で範囲を決める

リストのように「**たくさんのデータがある場合**」は、くり返し処理を行うことができました。では、「**特にデータがないけれど、処理を5回くり返したい**」という場合はどうすればいいでしょうか？
そういうときは『**range( )**』を使って「**整数の並び**」を作ることができます。

```
range( 個数 )
```

例えば、「**range(3)**」で「0から始まって、3の直前で終わる3個の整数」を作ることができます。

 py 入力プログラム（**test14_9.py**）

```
print(range(3)) ── 「0,1,2」という整数の並びを作る
```

出力結果

```
range(0, 3)
```

「**range(0,3)**」と命令のまま表示されました。これだと具体的にどんな値になるのかわかりにくいので、リストに変換してみましょう。文字列を整数に変換するときに「**int( )**」を使ったように、リストに変換したいときは『**list( )**』を使います。これを list 関数といいます。（ ）に入れたものをリストに変更することができるのです。**range** を『**list( )**』の中に入れてみましょう（関数についてはChapter 5で詳しく説明しています）。

入力プログラム（ **test14_10.py** ）

```
print(list(range(3)))  ── リストに変換して表示
```

出力結果

```
[0, 1, 2]
```

「0、1、2」という整数のリストができました。

range( ) は、さらに開始位置と終了位置を指定することもできます。

> **range（ 開始位置 , 終了位置 ）**

例えば、「2から始まって、6の直前で終わる整数の並び」を作ることもできます。

py 入力プログラム（ **test14_11.py** ）

```
print(list(range(2,6)))  ── 2から始まって6の直前で終わる整数をリストに変換して表示
```

出力結果

```
[2, 3, 4, 5]
```

この **for** 文と **range( )** を使えば、「くり返すための具体的なデータがなくても、3回くり返すプログラム」を作れます。

py 入力プログラム（ **test14_12.py** ）

```
for i in range(3):  ── 取り出し変数iにrangeで生成した整数を入れる
    print(i)
```

出力結果

```
0
1
2
```

「0から始まって、3の直前で終わる3個の整数の並び」でくり返すことができました。
0から10までの合計値を求めることもできます。

py 入力プログラム（test14_13.py）

```
total = 0
for i in range(11):
    total = total + i
print("合計値は、",total)
```

✓ 出力結果

合計値は、55

「0から始まって、11の直前で終わる10個の整数の並び」でくり返して合計値を求めることができます。この応用で、九九の5の段を表示してみましょう。「0～9の整数の並び」を使えば「5 x ○ =」の計算ができます。

py 入力プログラム（test14_14.py）

```
for i in range(10):
    print("5 x", i, "=", 5 * i)
```

✓ 出力結果

```
5 x 0 = 0
5 x 1 = 5
5 x 2 = 10
5 x 3 = 15
5 x 4 = 20
5 x 5 = 25
5 x 6 = 30
5 x 7 = 35
5 x 8 = 40
5 x 9 = 45
```

くり返しを使えば、たった2行で10個の計算ができるのですね。

for 文の中に、if 文

「**for 文の中に、if 文を入れる**」こともできます。たくさんのデータを調べていって、何かを判断するようなときに使います。

例えば、0 ～ 100 の中で 25 で割り切れる数を探してみましょう。
「0 ～ 100 の整数の並び」でくり返しを行い、それを 25 で割った余りが 0 かを調べれば、割り切れる数を見つけることができます。

📄py 入力プログラム（ test14_15.py ）

```python
for i in range(101):
    if i%25==0:
        print(i,"は、25で割り切れる")
```

📄✓ 出力結果

```
0  は、25で割り切れる
25  は、25で割り切れる
50  は、25で割り切れる
75  は、25で割り切れる
100  は、25で割り切れる
```

たくさんのデータの中から値を見つけるときなどに役立ちますね。

for文の中に、for文

さらに「**for文の中に、for文を入れる**」こともできます。

これを「**入れ子**」といいます。「くり返しの中でくり返す」という二重のくり返しです。

■

例えば、九九をすべて表示してみましょう。

「0～9の整数の並び」のくり返しの中で、さらに「0～9の整数の並び」のくり返しを行います。このとき、for文で使う「取り出し用変数」は、それぞれ違う変数名にします。

py 入力プログラム（ test14_16.py ）

```python
for i in range(10):
    for j in range(10):
        print(i, "x", j, "=", i * j)
```

出力結果

```
0 x 0 = 0
0 x 1 = 0
0 x 2 = 0
:
9 x 2 = 18
9 x 3 = 27
9 x 4 = 36
9 x 5 = 45
9 x 6 = 54
9 x 7 = 63
9 x 8 = 72
9 x 9 = 81
```

九九がすべて表示されました。

リストからランダムに1つ選ぶ

リストからランダムに1つ選びたいとき、「`randint( )`で、ランダムに番号を1つ決めて取り出す」という方法でも作れますが、「**リストの中からランダムに1つ選ぶ**」という命令が用意されています。「`random.choice( )`」です。

> リストの中からランダムに1つ選ぶ
>
> ```
> import random
> 変数 = random.choice( リスト )
> ```

1行目でランダムを使う準備を行い、2行目でリストの中からランダムに値を1つ取り出します。

おみくじアプリ

これを使って、『おみくじアプリ』を作ってみましょう。

py 入力プログラム（omikuji.py）

```
import random
kuji = ["大吉","中吉","小吉","凶"]
otsuge = random.choice(kuji)
print(otsuge)
```

出力結果

```
大吉
```

実行するたびに、結果が変わります。

CHAPTER
4.4
リストで
アプリを作ろう

具体的な
データを
リストに入れて
アプリを
作ってみましょう！

 アプリを作ろう

リストを使うと、データを使ったアプリを作ることができます。試してみましょう。

 月の日数アプリ

『月の日数アプリ』を作ってみましょう。

ユーザーが「知りたい月」を入力すると、「その月の日数」を教えてくれるアプリです。

 1月から12月まで、月の日数のデータをリストで用意しておきます。0月はありませんから、リストには1番目からデータを書いていきます。

あとは、ユーザーが入力した月のデータを取り出して表示すればいいのです。

📄py 入力プログラム（**day_of_the_month.py**）

```
days = [0, 31,28,31,30,31,30,31,31,30,31,30,31]
print("月の日数をお答えします。")
month = int(input("知りたい月は何月ですか？"))
print(month,"月は、",days[month],"日です。")
```

📄 出力結果

```
月の日数をお答えします。
知りたい月は何月ですか？5
5 月は、 31 日です。
```

あなたの誕生石アプリ

『あなたの誕生石アプリ』を作ってみましょう。ユーザーが「誕生月」を入力すると、「誕生石」を教えてくれるアプリです。基本的に「月の日数アプリ」と同じしくみで作れます。「月の日数データ」を「誕生石データ」に変更して作りましょう。

入力プログラム（`birthstone.py`）

```
stone = ["","ガーネット","アメジスト","アクアマリン","ダイヤモンド",
         "エメラルド","真珠","ルビー","ペリドット","サファイア",
         "オパール","トパーズ","ターコイズ"]
month= int(input("あなたは、何月生まれですか？"))
print("あなたの誕生石は、", stone[month], "です。")
```

出力結果

```
あなたは、何月生まれですか？ 5
あなたの誕生石は、エメラルド です。
```

データを変更するだけですが、感じの違うアプリになりますね。

今日の夕食アプリ

『今日の夕食アプリ』を作ってみましょう。

ユーザーが「今日の気温」を入力すると、「その日に適した夕食」を提案してくれるアプリです。
これは、これまでの命令の組み合わせで作れます。

まず、寒い日、適温の日、暑い日それぞれの「夕食リスト」を用意しておきます。ユーザーに気温を入力してもらい、15度以下なら「寒い日」、28度以下なら「適温の日」、そうでなければ「暑い日」とします。あとは、それぞれの日の「夕食リスト」の中からランダムに1つ選べば、「その日に適した夕食」を提案することができます。

入力プログラム（`todays_dinner.py`）

```
import random
dish1 = ["キムチ鍋","豆乳クリーム煮","おでん","ふんわり卵のあんかけうどん","ポトフ"]
```

▶次ページに続きます

```
dish2 = ["厚揚げの酢豚風","豚肉と玉ねぎのポン酢炒め","炊き込みご飯","鶏モ
モみぞれ煮"]
dish3 = ["トマトツナそうめん","バターチキンカレー","うなぎの錦糸丼","夏野菜の
ガスパチョ"]

print("今日の夕食をご提案します。")
temp = int(input("今日の気温は何度ですか?"))
if temp <= 15:
    dish = random.choice(dish1)
    print("今日は寒いので",dish,"はいかがでしょう。")
elif temp <= 28:
    dish = random.choice(dish2)
    print("今日は快適なので", dish, "はいかがでしょう。")
else:
    dish = random.choice(dish3)
    print("今日は暑いので", dish, "はいかがでしょうか。")
```

📄 出力結果

今日の夕食をご提案します。
今日の気温は何度ですか?15
今日は寒いので　ふんわり卵のあんかけうどん　はいかがでしょう。

寒い日は、暖かい料理がいいですね。

📄 出力結果

今日の夕食をご提案します。
今日の気温は何度ですか?30
今日は暑いので　トマトツナそうめん　はいかがでしょうか。

暑い日は、さっぱりとした料理がいいですね。

5

プログラムをまとめる

関数、ループ

プログラムが長くなってくると読みにくくなっていきますが、これをきれいにまとめるのが「関数」です。「あるひとつの仕事」に名前をつけてひとまとめにして、プログラムを見やすくします。見やすいだけでなく、プログラムの無駄やバグも少なくなる重要な機能です。

CHAPTER
5.1

関数
仕事をひとまとめにする

ひとつの仕事は
ひとまとめに
しましょう。
それが
「関数」です。

関数

プログラムはChapter1で説明した通り、「順次」「分岐」「反復」の「3つの基本」でできているのですが、プログラムが長くなってくると読みにくくなってきます。

そういうときに使うのが「関数」です。プログラムの中の「あるひとつの仕事」に名前をつけて **ひとまとめ** にするのです。その仕事が必要になったとき、その名前を使って呼び出します。

関数を作るには「関数名」を決めて、「**def 関数名() :**」と書き、次の行から「行う仕事をまとめて」書いていきます。「**def**」とは、define（関数を定義する）を略した名前です。

関数を定義する

```
def 関数名() :
    関数で行う処理
```

「ひとまとめの部分」なので、**一段インデントさせて「ブロック」で書いていきます**。関数を作ることを「関数を定義する」といいます。この関数につける名前も変数名と同じように「**何の仕事をする関数なのか**」が、一目でわかる名前をつけましょう。

```
def 関数名() :
    関数で行う処理
```
インデント　　　　　　　　　　　　　　　　ブロック

簡単な例として、"**Hello!**"と表示するだけの関数を作って、3回呼び出してみましょう。

入力プログラム（ **test15_1.py** ）

```
def hello():  ── 関数helloを作る
    print("Hello!")  ── 関数helloの中で行う処理


hello()  ── 関数helloを呼び出す
hello()
hello()
```

出力結果

```
Hello!
Hello!
Hello!
```

関数**hello**を3回呼び出したので、"**Hello!**"の表示が3回実行されました。

 関数は、このように「 **先に関数の定義** 」をして、「 **後で関数名を書いて呼び出す** 」という書き方をします。

なぜなら、プログラムは **順次で上から順番に実行していく** からです。プログラムを実行していて、いきなり新しい関数名が出てきても、Pythonはなんのことかわかりません。あらかじめ「この名前の関数では、このようなことをします」と説明しておいてから、後で「この関数を実行してください」と名前で呼び出すことで、Pythonは「**あっ、この仕事の内容はさっき聞きましたよ。了解、実行します**」と正しく実行できるのです。

この順次のルールは、プログラムがどんどん複雑になっても同じです。ですから、プログラマーがPythonの長いプログラムを読むとき、新しい関数に出会って「これはどんな仕事をしているんだろう?」と思ったら、上にさかのぼっていけば見つかるのです。

さて、関数は「毎回全く同じ仕事」ばかりするわけではありません。「違う値を使った、ほぼ同じ仕事」をさせたい場合もあります。そのようなとき、関数に違う値を引き渡して処理させることができます。これを「**引き数**」といい、関数名の後ろのかっこに入れて渡します。引き数も変数の一種です。関数の外から受け取った値を一時的に入れておき、その関数の中だけで使われて、関数から戻るときには消えてしまいます。また、関数の中で処理した結果を戻してもらうこともできます。これを「**戻り値**」といいます。

関数を定義する（引き数、戻り値がある場合）

```
def 関数名(引き数) :
    この関数で行う処理
    return 戻り値
```

簡単な例として、「2つの値を引き渡したら」「足した結果を戻す」関数を作って呼び出してみましょう。引き数は、関数名の後ろのかっこの中に書いて渡します。

戻り値は、関数そのものに値として戻ってくるので、それを変数などに入れて確認します。関数の中で使う変数は、その関数で一時的に使われる特別な変数です。関数の外に同じ名前の変数があっても違う変数として扱われます。「関数の中は中、外は外」と、変数は別々の空間で区切られていて、これを**スコープ**と呼んでいます。

py 入力プログラム（**test15_2.py**）

```
def add2(a, b):    —— 関数add2を作る（引き数a, bに値を渡すと、足した値が戻る）
    ans = a + b    —— 変数ansにaとbを足した値を入れる
    return ans     —— 変数ansを戻す


x1 = add2(1, 2)    —— 1と2を関数add2の引数a, bに渡し、戻り値が変数x1に入る
x2 = add2(3, 4)
print(x1)
print(x2)
```

出力結果

```
3
7
```

「**add2(1, 2)**」とすると「**1 + 2**」の結果が返ってきて、「**add2(3, 4)**」とすると「**3 + 4**」の結果が返って来ました。

このように関数は、「**毎回同じ仕事をさせる（引き数、戻り値なし）**」ことはもちろん、「**違う値を渡して、ほぼ同じ仕事をさせる（引き数）**」こともできますし、「**仕事をした結果を戻してもらう（戻り値）**」こともできます。

消費税計算

例として、『消費税を計算する関数』を作ってみましょう。金額を書くだけで消費税込みの金額がわかります。

py 入力プログラム（ test15_3.py ）

```python
def postTaxPrice(price):
    ans = price * 1.1
    return ans
print(postTaxPrice(2000),"円")
print(postTaxPrice(2500),"円")
print(postTaxPrice(980),"円")
```

出力結果

```
2200.0 円
2750.0 円
1078.0 円
```

現在は、消費税率が10％なので「**1.1**」をかけていますが、消費税率が変わったらこの値を変えるだけで対応できます。できれば下がってほしいですね。

成績評価チェッカー

『点数を渡すと、成績評価を戻してくれる関数』を作ってみましょう。関数の中で、**if**文で**S**（秀）、**A**（優）、**B**（良）、**C**（可）、**F**（不可）を判断します。

py 入力プログラム（ test15_4.py ）

```python
def gap(score):
    if score >= 90:
        return "S"
    elif score >= 80:
        return "A"
    elif score >= 70:
        return "B"
    elif score >= 60:
```

▶次ページに続きます

```
            return "C"
        else:
            return "F"


score = 75
print(score,"点は、",gap(score))
```

```
75 点は、 B
```

これで1人分の評価ができました。では、何人分かの評価をしたい場合はどうすればいいでしょうか？
たくさんのデータは、リストを使うことでまとめて行うことができます。
上記プログラムにて **score = 75** から下の「関数以外の部分」を修正してみましょう。

py 入力プログラム（ **test15_4b.py** ）

```
scorelist = [95,75,30,85]
for score in scorelist:
    print(score,"点は、",gap(score))
```

出力結果

```
95 点は、 S
75 点は、 B
30 点は、 F
85 点は、 A
```

scorelist に4つ、点数が入っています。それを **for** 文でひとつずつ **score** に取り出して、 **gap** 関数に入れて、くり返し調べているのです。
このように、関数を使えば、仕事をひとまとめにできるので、長いプログラムでも読みやすくなります。

5.2
モジュールで分割

長いプログラムは
読みにくいですが
モジュール化して
短く分ければ
読みやすくできます。

さて、関数でまとめて書くことができても、プログラムファイル自体は長いままです。

そこで、ひとまとめにした部分を別のファイルに切り分けてしまいましょう。それが「**モジュー**

ル」です。

関数部分を別ファイルに切り出して、使うときに「**import**」で読み込んで、つなげて実行するのです。

モジュールを利用する

`import` モジュール名（ライブラリ名）

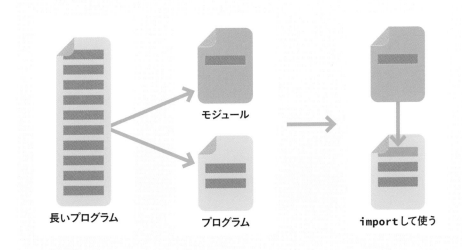

長いプログラム　　　　　　モジュール　　　　　import して使う

　　　　　　　　　　　　　プログラム

5

プログラムをまとめる【関数、ループ】

例えば、成績評価チェッカーをモジュールにして、切り分けてみましょう。

以下の関数部分をファイル名をつけて別ファイルにします。ここでは「mycalc.py」というファイル名をつけて保存します。この「ファイル名」が読み込むときの名前になるので重要です。

 入力プログラム（`mycalc.py`）

```python
def gap(score):
    if score >= 90:
        return "S"
    elif score >= 80:
        return "A"
    elif score >= 70:
        return "B"
    elif score >= 60:
        return "C"
    else:
        return "F"
```

このモジュールを呼び出して実行させるプログラムを作りましょう。

「mycalc.py」というファイル名を読み込むので、「**mycalc.pyと同じフォルダ内にプログラムファイルを作り**」、プログラムの最初で「**import mycalc**」と書いて読み込みます。

gap関数を呼び出すときは、「**mycalc**モジュールの中の**gap**関数」なので「**mycalc.gap(score)**」と、モジュール名をつけて指定します。

 入力プログラム（`test15_5.py`）

```python
import mycalc ── モジュール mycalc を利用する


scorelist = [95,75,30,85]
for score in scorelist:
    print(score,"点は、",mycalc.gap(score))
```

出力結果

```
95 点は、S
75 点は、B
30 点は、F
85 点は、A
```

関数部分を外に切り出したので、メインとなるプログラム自体が短く読みやすくなりました。 Python ではこのようにすることで、プログラムがシンプルで読みやすくなっていくのです。

さらに、他の人が作ったファイルをつないで利用することもできます。これを「ライブラリ」といいます。 Python には「標準ライブラリ」がたくさん用意されています。数値計算用の「**math**」、日付や時刻 に使う「**datetime**」や「**time**」「**calender**」などいろいろあります。
どれも「**import ライブラリ名**」で読み込んで使うことができます。

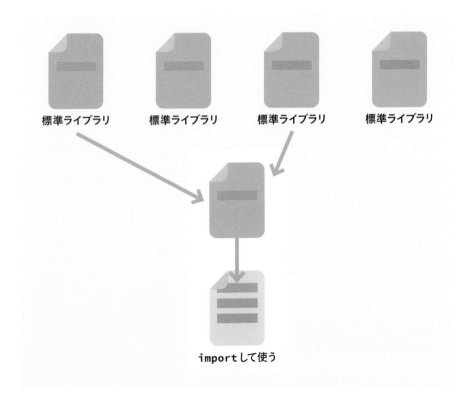

標準ライブラリ　　標準ライブラリ　　標準ライブラリ　　標準ライブラリ

import して使う

 実は、これまで何度も使っていたランダムも標準ライブラリなんです。「**import random**」 で読み込んで、「**random.randint( )**」や「**random.choice( )**」などのライブラリ の中にある関数を呼び出して使っていました。

「合図がある間は、
くり返す」
というしくみを
作れます。

CHAPTER
5.3
ループ
条件を満たす間くり返す

 これまでのプログラムの流れは、「ユーザーが入力して、計算し、結果を表示して終わり」というものばかりでした。書いたプログラムを **上から下に順番に実行していく** ので、このような流れになります。

しかし、スマホやパソコンのアプリや、ゲーム機のゲームは、「何かをちょっと表示して終わり」にはならず、ずっと動き続けています。これは、もう少し複雑なプログラムで、「アプリの画面自体を描き、ユーザーからの入力で画面を描き直して、実行し続けている」からです。
その流れに必要となる一番簡単なものが「**ループ**」です。
ループには「**while文**」を使います。くり返しなので **for文** に似ていますが、くり返す回数が決まっているわけではありません。「**条件式がTrueの間**」ずっとくり返します。

条件が正しい間くり返すwhile文

```
while 条件式 :
        条件を満たす間、くり返す処理
```

例えば、『6が出るまで振り続けるサイコロ』を作ってみましょう。
「**while dice != 6:**」で「**dice**が6でない間」は、ずっとくり返します。くり返しの中で、サイコロを振り続けるのです。

```
import random
dice = 0
while dice != 6:  ── 変数diceが6でなかったら、以下をくり返す
    dice = random.randint(1,6)
    print(dice)
```

出力結果

```
5
3
4
6
```

このループを、少し違った考え方で作る方法があります。「答えが6でない間はくり返す」のではなく「合図がある間はくり返す」という合図を使った考え方で作る方法です。

この合図用に「**flag（旗）**」という変数を用意します。ごく普通の変数ですが、これに**True**または**False**を入れて使います。

Trueは旗が上がっている状態、**False**は旗が下がっている状態です。これをループに使い「**True（旗が上がっている間）はくり返し、False（旗が下がったとき）はくり返しを止める**」という合図にするのです。
「今、どういう状態なのか」が**flag変数**に入れて扱えるので、確認しやすくなり、操作がしやすくなる、というプログラムの手法なのです。

True
オン

False
オフ

例えば、『6が出るまで振り続けるサイコロ』であれば、最初に旗を上げておいて、**True**でループをくり返し、6が出たときに旗を下げて**False**にすることで、くり返しを止めることができます。ループを「旗の上げ下げ」でコントロールできるので、プログラムの考え方をシンプルにできるのです。

入力プログラム（**test15_7.py**）

```
import random
flag = True
while flag:      変数flagがTrueだったら、以下をくり返す
    dice = random.randint(1,6)
    print(dice)
    if dice == 6:      もしも、diceが6だったら…
        flag = False      flagにFalseを入れてくり返しを止める
```

出力結果

```
4
2
5
3
6
```

関数とループで
アプリを作ろう

> 関数とループを
> 組み合わせると
> 複雑なアプリでも
> 作りやすく
> なります。

関数とループを使うと、より複雑なアプリを作りやすくなります。試してみましょう。

数当てゲーム1

『コンピュータが1〜100のうちの数字のうち、どれか1つを思い浮かべて、ユーザーがその数字を当てる』というゲームです。当たるまでくり返し続けます。

入力プログラム（`kazuate1.py`）

```python
import random
def numCheck(indata, ans):    ── 関数 numcheck を作る（indata と ans が同じかどうか）
    if indata == ans:    ── もしも indata と ans が同じなら…
        print("当たり!")    ── "当たり!" と表示し
        return True    ── True を戻す
    else:    ── そうでなかったら…
        print("はずれ")    ── "はずれ" と表示し
        return False    ── False を戻す

ans = random.randint(1,100)    ── 変数 ans に 1 〜 100 のランダムな値を入れる
flag = True    ── 変数 flag に True を入れる
while flag:    ── flag が True の間は、以下をくり返す
    userdata = int(input("1〜100 のいくつだと思いますか?"))
    if numCheck(userdata, ans) == True:
    ── もしも、userdata と ans が同じ（True）だったら…
        flag = False    ── flag に False を入れて質問のくり返しを止める
```

出力結果

1〜100のいくつだと思いますか? 70
はずれ
1〜100のいくつだと思いますか? 35
はずれ
1〜100のいくつだと思いますか?

これだと、100個の中の1つを当てるので、まず当たりませんね。

数当てゲーム2

『数当てゲーム』を改良して、ヒントを出すように修正します。
外れたときに、答えがもっと大きければ「大きいよ」、小さければ「小さいよ」と表示します。

py 入力プログラム(kazuate2.py)

```python
import random
def numCheck(indata, ans):
    if indata == ans:
        print("当たり!")
        return True
    elif indata < ans:
        print("もっと大きいよ")
        return False
    else:
        print("もっと小さいよ")
        return False


ans = random.randint(1,100)
flag = True
while flag:
    userdata = int(input("1〜100のいくつだと思いますか?"))
    if numCheck(userdata, ans) == True:
        flag = False
```

1〜100のいくつだと思いますか? 50
もっと小さいよ
1〜100のいくつだと思いますか? 20
もっと大きいよ
1〜100のいくつだと思いますか? 30
もっと小さいよ
1〜100のいくつだと思いますか? 28
当たり!

これだと、ヒントをたよりに当てることができるようになりました。

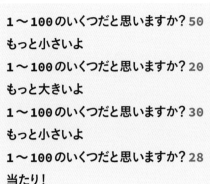 数当てゲーム 3

『数当てゲーム』をさらに改良して、「当てるまでの回数」を出すように修正します。
count 変数を用意して、くり返しをするたびに1足していきます。
ループが終わったときに回数を表示します。

入力プログラム (kazuate3.py)

```python
import random
def numCheck(indata, ans):
    if indata == ans:
        print("当たり!")
        return True
    elif indata < ans:
        print("もっと大きいよ")
        return False
    else:
        print("もっと小さいよ")
        return False


count = 0
ans = random.randint(1,100)
```

▶次ページに続きます

```
flag = True
while flag:
    count = count + 1
    indata = int(input("1〜100のいくつだと思いますか？"))
    if numCheck(indata, ans) == True:
        flag = False
print(count, "回で当たり！")
```

📄 出力結果

1〜100のいくつだと思いますか？25
もっと大きいよ
1〜100のいくつだと思いますか？40
もっと小さいよ
1〜100のいくつだと思いますか？28
もっと小さいよ
1〜100のいくつだと思いますか？26
当たり！
4 回で当たり！

回数が表示されると、できるだけ少ない回数で当てたくなりますね。

1

pygameで
絵を描こう

pygameは「ゲームを作れるライブラ
リ」です。キー操作で主人公を動かす
ゲームや、マウスでボタンを押すと
ページが切り換わるゲームを作ること
ができます。まずは、ライブラリをイン
ストールして、図形や、文字列や、画
像を描くところからはじめましょう。

1.1

pygameで
ゲームを作ろう

pygameを
インストールすると
Pythonで
ゲームを作れるよう
になりますよ。

pygameはゲームを作れるライブラリ

Pythonの基本がわかってきましたね。 Pythonを使っていろいろなプログラムやループによってずっと動き続けるアプリを作れるようになりました。

ですが、**IDLEの中に文字で表示されるばかり** では、いつも遊んでいるゲームとは雰囲気が違います。もっと **きれいなグラフィックスが動くゲームや、上下左右でキー操作するゲームをプレイしたい** ですよね。

そこで使うのが「**pygame**」です。pygameは、**ゲームを作るのに役立つ機能** がたくさん入ったライブラリです。いろいろな機能があるのですが、まとめると主に以下のようなことができます。

1. ゲーム用にウィンドウを表示できる
2. グラフィックスを表示したり動かせる
3. キーボードやマウスの入力を調べることができる
4. 音を鳴らすことができる

pygameを使えば、「**ゲーム用のウィンドウ上で、キャラクタをキー操作で動かして遊べるゲーム**」を作ることができるのです。

ただし、pygameライブラリは **標準ライブラリではない** のでパソコンにはインストールされていません。そこで、**手動で追加インストール** する必要があります。WindowsとmacOSでは使うアプリが少し違うので、あなたが使っているパソコンにあった方法でpygameをインストールしましょう。

 # pygame をインストール

Windows にインストールするとき

Windows にインストールするときは、**コマンドプロンプト** を使います。

1 まず、コマンドプロンプトを起動します。スタートメニューから、［Windows システムツール］→［コマンドプロンプト］を選択しましょう。

2 インストールする前に、コマンドが使えるか確認しておきましょう。「**pip list**」コマンドを実行すると、すでにインストールされているライブラリ一覧が表示されます。**コマンドプロンプト** に以下の命令を入力して［Enter］キーを押してください。

```
py -m pip list
```

```
C:¥Users¥ymori>py -m pip list
Package           Version
----------------- --------
et-xmlfile        1.0.1
jdcal             1.4.1
numpy             1.19.4
openpyxl          3.0.5
pandas            1.2.0
Pillow            8.0.1
pip               21.0.1
pygame            2.0.1
python-dateutil   2.8.1
pytz              2020.5
setuptools        49.2.1
six               1.15.0
xlrd              1.2.0

C:¥Users¥ymori>
```

※このとき表示される内容は、そのパソコンにインストールされているライブラリによって違います。

この命令でリストが表示されたとき、「警告文が出ない」なら問題はありません。しかし、たまに「WARNING: You are using pip version xx.x.x ・・・ py -m pip install --upgrade pip' command.」といった警告が出るときがあります（xにはバージョンの数字が入ります）。これは、「**pip**コマンドのバージョンが古くなっています」という警告です。次に記述する命令で

105

アップグレードしましょう。アップグレードすると警告は出なくなります。

```
py -m pip install --upgrade pip
```

 それでは、pygameをインストールしましょう。以下の命令を入力して［Enter］キーを押してください。エラーが出ずに、プロンプト（>）が表示されれば、インストール完了です。

```
py -m pip install pygame
```

これでコマンドプロンプトで行う作業は終わりです。ウィンドウ右上の［X］の閉じるボタンを押して閉じましょう。

```
コマンド プロンプト
Microsoft Windows [Version 10.0.18363.1256]
(c) 2019 Microsoft Corporation. All rights reserved.

C:¥Users¥ymori>py -m pip install pygame█
```

macOSにインストールするとき

macOSにインストールするときは、**ターミナル** を使います。

1 ［アプリケーション］フォルダの中の［ユーティリティ］フォルダにある［ターミナル.app］をダブルクリックしましょう。ターミナルが起動します。

ターミナル.app

2 インストールする前に、コマンドが使えるか確認しておきましょう。「pip list」コマンドを実行すると、すでにインストールされているライブラリ一覧が表示されます。**ターミナル** に以下の命令を入力して［Enter］キーを押してください。

```
python3 -m pip list
```

```
● ● ●                     ターミナル — -tcsh — 80×15
soupsieve           2.1
terminado           0.9.2
testpath            0.4.4
threadpoolctl       2.1.0
toml                0.10.2
tornado             6.1
traitlets           5.0.5
urllib3             1.26.2
wcwidth             0.2.5
webencodings        0.5.1
widgetsnbextension  3.5.1
xgboost             1.3.1
xlrd                2.0.1
xlwt                1.3.0
[Mac-mini-2020 ~] ymori%
```

※このとき表示される内容は、そのパソコンにインストールされているライブラリによって違います。

この命令でリストが表示されたとき、「警告文が出ない」なら問題はありません。

しかし、たまに「WARNING: You are using pip version xx.x.x ・・・ py -m pip install --upgrade pip' command.」といった警告が出るときがあります（xにはバージョンの数字が入ります）。

 これは、「**pip**コマンドのバージョンが古くなっています」という警告です。以下の命令で アップグレードしましょう。アップグレードすると警告は出なくなります。

```
python3 -m pip install --upgrade pip
```

3 それでは、pygameをインストールしましょう。以下の命令を入力して［Enter］キーを押してく ださい。エラーが出ずに、プロンプト（%）が表示されれば、インストール完了です。

```
python3 -m pip install pygame
```

```
● ● ●                     ターミナル — -tcsh — 80×24
Last login: Mon Feb 15 17:50:13 on ttys000
[Mac-mini-2020 ~] ymori% python3 -m pip install pygame
```

 これでターミナルで行う作業は終わりです。ウィンドウ左上の［赤い閉じるボタン］を押して 閉じましょう。

1 p y g a m e で 絵 を 描 こ う

ゲームでインストールチェック！

pygameライブラリのインストールができたら、まずは正しく動くか **ゲームで確認** しましょう！

なんとpygameには、ライブラリの中に **ゲームのサンプルプログラム** が入っているのです。ですので、たった2行書くだけでゲームを動かすことができます。以下のプログラムを入力して、メニュー [Run→Run Module] で実行しましょう。いきなり音が出るのでビックリするかもしれません。注意してください。

ゲームの遊び方 は簡単。画面の下にいる戦車が自分です。左右キーで移動して、スペースキーで弾を発射します。敵の弾かUFOに当たるとゲームオーバーになって、ウィンドウが閉じますよ。

📄 入力プログラム（`example1.py`）

```python
import pygame.examples.aliens as game
game.main()
```

📄 出力結果

別のサンプルプログラムも試してみましょう。以下の2行を入力して、メニュー［Run→Run Module］で実行してください。

これは「描画のテスト」のためのゲームです。中央から星が出てきて、まるで宇宙空間を飛んでいるような画面になります。マウスでクリックすると、星の出現位置が変わります。終了するときは、ウィンドウの［閉じる］ボタンをクリックしましょう。Windowsなら右上の［X］、macOSなら左上の［赤いボタン］です。

 入力プログラム（ `example2.py` ）

```python
import pygame.examples.stars as game
game.main()
```

 出力結果

別のサンプルプログラムも試してみましょう。以下の2行を入力して、メニュー[Run→Run Module]
で実行してください。

これも「描画のテスト」です。たくさんの顔がそれぞれ違うスピードで動き回っていますね。つまり
「pygameは、これだけたくさんのグラフィックスを同時に動かすことができる」ということがわかるテス
トなんです。終了するときは、ウィンドウの閉じるボタンをクリックしましょう。

py 入力プログラム（**example3.py**）

```
import pygame.examples.testsprite as game
game.main()
```

 出力結果

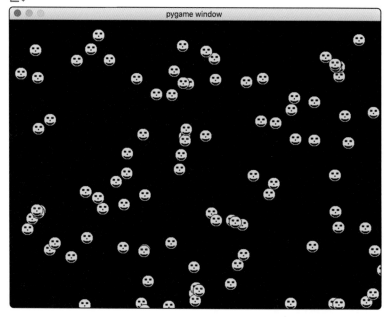

pygameは
ゲームに適した
考え方で作ります。
基本的な書き方を
覚えましょう。

pygameの基本

 pygameの基本

サンプルプログラムが動いたら準備〇Kです。これからは自分の手でゲームを作っていきましょう。ワクワクしますね！　まずは、**pygameの基本** についてです。

pygameは基本的にずーっと動き続けています。つまり、pygameの基本は **ループ** でできていて、**ループの中** で画像を表示したり、キー入力やマウスの動きを調べたりしています。

pygameのプログラムには、「**このように書けば、ゲームを作りやすいよ**」という **基本的な書き方** があります。それが右の7項目です。これらの項目に当てはめるようにプログラムを作っていくと、ゲームが作りやすくなります。

ゲームを作る7ステップ

1. ゲームの準備をする

2. この下をずっとループする
3. 画面を初期化する
4. ユーザーからの入力を調べる
5. 絵を描いたり、判定したりする
6. 画面を表示する
7. 閉じるボタンが押されたら、終了する

まずは、『**四角形を描くだけのプログラム**』を作ってみましょう。（今回はユーザーからの入力はないので、**ステップ4**は省略します。）

それから、今後はプログラムが長くなってくるので、そこで何の処理をしているのかがすぐに理解できるよう、プログラムの中に「**説明文**」を書いておきます。これを「**コメント**」といいます。

「**#**」行は、**人間のためのコメント（説明文）**です。プログラムの中でどんなことをしているのかがわかるコメントは重要です。**ざっくりと理解**しておきましょう。

コメント文を書く

 # コメント文

以下のプログラムを入力してください。入力が大変だという人は、説明文であるコメントの行は省略してもいいですよ。

📄 **py** 入力プログラム（ `test21_1.py` ）

```python
# 1. ゲームの準備をする
import pygame as pg, sys
pg.init()
screen = pg.display.set_mode((800, 600))


# 2. この下をずっとループする
while True:
    # 3. 画面を初期化する
    screen.fill(pg.Color("WHITE"))
    # 5. 絵を描いたり、判定したりする
    pg.draw.rect(screen, pg.Color("RED"), (100, 100, 100, 150))
    # 6. 画面を表示する
    pg.display.update()
    # 7. 閉じるボタンが押されたら、終了する
    for event in pg.event.get():
        if event.type == pg.QUIT:
            pg.quit()
            sys.exit()
```

コメントを取ると、以下のようにプログラムは短くなります。

📄py 入力プログラム（コメントなしバージョン）(test21_1b.py)

```python
import pygame as pg, sys
pg.init()
screen = pg.display.set_mode((800, 600))

while True:
    screen.fill(pg.Color("WHITE"))
    pg.draw.rect(screen, pg.Color("RED"), (100, 100, 100, 150))
    pg.display.update()
    for event in pg.event.get():
        if event.type == pg.QUIT:
            pg.quit()
            sys.exit()
```

📄✓ 出力結果

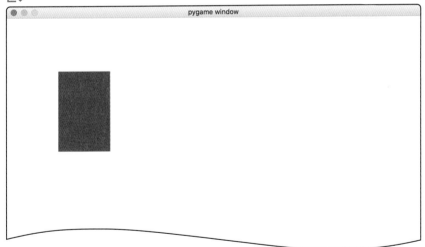

 メニュー［Run→Run Module］で実行しましょう。ウィンドウに四角が表示されました。
ちょっとだけ感動しますね。

このプログラムはどのように動いているのでしょうか。P.111で説明した7つのステップごとに中身を見
ていきましょう。

1行目の**import**は、これまでと書き方が少し変わっています。

```
import pygame as pg, sys
```

最初の「**import pygame as pg**」の部分は、**pygameをpgと省略する命令** です。「**import pygame**」と指定すると、**pygame.init()**のように毎回「**pygame**」と書かないといけません。しかし、「**import pygame as pg**」と指定すると、**pg.init()**のように pygame を「**pg**」と省略して、書けるようになります。プログラムを書くのを少しだけ楽にする、魔法のような命令です。

> **import**したライブラリやモジュールに省略名をつける
>
> **import ライブラリ名 as 省略名**

この命令はさらに、「**import pygame as pg, sys**」とカンマで区切られています。これは、**複数のライブラリをインポート** しています。

> 複数のモジュールやライブラリを**import**する
>
> **import ライブラリ名1, ライブラリ名2**

つまり、**import pygame as pg, sys**という1行で「**pygameをpgと省略してインポートし、さらにsysもインポートする**」と命令しているのです。

次の行を見ていきましょう。

```
pg.init()
screen = pg.display.set_mode((800, 600))
```

pygameでは、最初に**pg.init()**と書くことで「これからpygameを使いますよ」という初期化を行う必要があります。初期化をしたら次は、ゲーム用のウィンドウを作ります。横800×縦600のウィンドウにしましょう。**screen = pg.display.set_mode((800, 600))**と、命令します。このとき、返り値を変数**screen**に入れておくのがポイントです。

ここで作るのは、**ゲームを描くためのスクリーン** です。このあとのプログラムでは、この**screen**に対してゲーム画面を描いていくのです。

```
screen = pg.display.set_mode((800, 600))
```

ウィンドウ

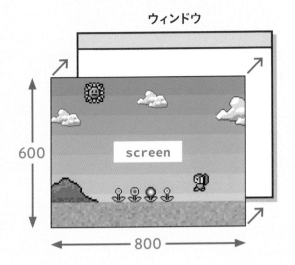

600

800

COLUMN

最 初に書く **pg.init()** の **init**とは、「initialize（初期化）」を略した名前だ。
なにか特殊なことのように思えるが、簡単に言えば「前準備をします」というこ
とだ。アプリやゲームを動かすときは、画面やキーボードの準備など「舞台を整えるた
めの前準備」が必要なんだ。小さな1文だけれど重要な命令だよ。

[ステップ 2. この下をずっとループする]
ゲームをずーっとくり返すループの部分が、その次の行の **while True:** です。

```
while True:
```

くり返す条件が **True**になっています。これは **無限にずっとくり返す** という意味です。つまり、
whileの中をずーっとくり返し続けます。

```
while True:
```
→ 無限にずっとくり返す処理

（左側に縦書き：インデント）

無限にずっとくり返すと命令されているので、このプログラムはいつまで経っても終えることができません。

そこで、くり返しの中に「閉じるボタンが押されていたら終了する」という、**ループを抜ける処理** を入れてあげる必要があります。これについてはP.118の **ステップ7** で後ほど説明します。

［ステップ3. 画面を初期化する］

くり返しの中身に入りました。まず最初に、画面をきれいに消してあげましょう。

```
screen.fill(pg.Color("WHITE"))
```

ゲームを描くスクリーン（screen） に、**fill関数** で塗りつぶしを行います。色は、**pg.Color** で白を指定して、真っ白に塗りつぶしましょう。

［ステップ4. ユーザーからの入力を調べる］

今回はユーザーの入力は必要ないので**ステップ4**はスキップします。

［ステップ5. 絵を描いたり、判定したりする］

真っ白になったゲーム画面に、赤い四角形を作りましょう。

pygame（略して**pg**）の **draw.rect関数** で、四角形を描きます。それが **pg.draw.rect()** です。**draw.rect**関数についてはP.119で詳しく説明しています。

```
pg.draw.rect(screen, pg.Color("RED"), (100, 100, 100, 150))
                                        X座標  Y座標   幅    高さ
```

screenに、**pg.Color**で指定した赤色で四角形を描くという命令です。

四角形をどこにどんな風に描くかは、**X座標，Y座標，幅，高さ** の順で指定します。この命令で **X100**、**Y100**の位置に、幅100、高さ150の縦長の四角形を描きます。

[ステップ 6. 画面を表示する]

pygameでは、四角形を描けと命令をして **すぐ画面に表示される** わけではありません。**画面に描く**という処理は、コンピュータにとって時間がかかることなのです。通常ゲーム画面には、背景や主人公や敵など、たくさんのものを描画する必要がありますが、**いちいち画面に描き込んでいては** 時間がかかってしまってゲームになりません。

「**画面に直接描く**」という処理は時間がかかるのですが、「**裏側（メモリ内）で絵を描いておく**」という処理は速く行うことができます。そこで、裏側でゲーム画面に必要なものをあらかじめ描いておいて、**全部できてから一気に表示させる** という方法で高速表示を行うのです。その **描いておく裏側** というのが、**screen**というわけです。

裏側（screen）で描いておいて、ウィンドウで表示する

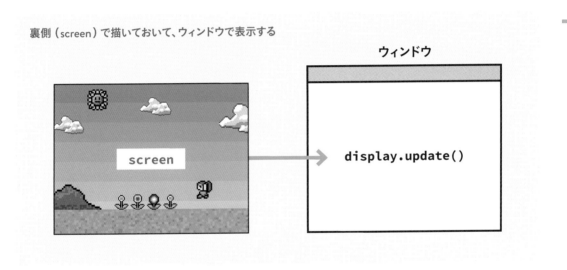

screenに描いた絵は、裏側にある絵です。これを **一気にウィンドウ画面に表示させる** 命令が、次の行の**display.update関数** です。

```
pg.display.update()
```

これを命令して、はじめてゲーム画面が表示されるのです。
このしくみで表示させることで、1秒間に30回や60回、パソコンによっては120回といった高速でなめらかな表示を行うことができます。

[ステップ 7. 閉じるボタンが押されたら、終了する]

さて、**while** 文は **True** になっているので、**無限にずっとくり返し** を行っていましたね。そこで、**ループを抜ける** ために「終了処理」を入れます。

```
for event in pg.event.get():
    if event.type == pg.QUIT:
        pg.quit()
        sys.exit()
```

ユーザーがウィンドウの「閉じる」ボタンを押すと、Pythonには「**なにかが押されましたよ**」というお知らせがきます。これを「**イベント（event）**」と呼んでいます。

この「**押されたものがなにか（event.type）**」を調べて、**pg.QUIT** であれば「閉じる」ボタンが押されたとわかるので、終了処理を行います。

終了処理を行うためにまず、**pg.quit()** でpygame自体を終了させます。ただし、これだけではまだゲーム画面を表示していた外側のウィンドウは終了していないので、システムの **sys.exit()** でウィンドウを終わらせます。これでゲーム全体を終了できるのです。

「四角形を描くだけ」にしては大変な処理でしたが、これらはすべて「**ゲームを動かすために必要なしくみ**」です。この先ゲームを作っていくときに必要となる、**いかに快適に動かせるようになるかの工夫** だと思ってください。

COLUMN

こで出てきた **for event in pg.event.get():** は、イベントを調べるくり返しの文だ。

コンピュータにはキーボードやマウスなどいろいろなものがつながっているので、多くのイベントが発生する。それを、**pg.event.get()** でまとめてゲットするんだが、いろいろなイベントが同時に混ざって発生する場合を考えて、**for** 文で1つずつ **event** 変数に取り出して調べているんだ。

CHAPTER

1.3 図形や文字、画像を描こう

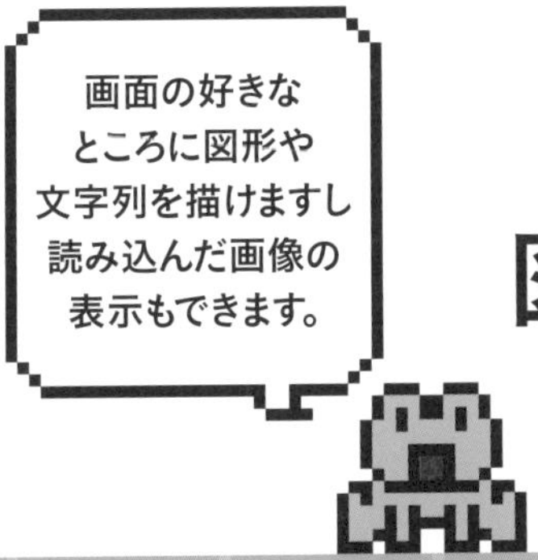
画面の好きな
ところに図形や
文字列を描けますし
読み込んだ画像の
表示もできます。

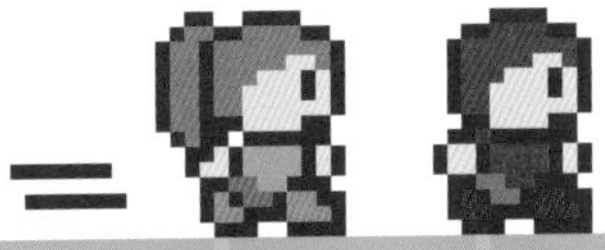

画面の座標系

では、「画面に絵を描く方法」について見ていきましょう。

pygameの画面の座標は、**左上が原点(0, 0)** になっています。右に進むほどX軸の値が増えて、下へ進むほどY軸の値が増えていきます。

横800×縦600のウィンドウなら、右下の位置は **(800, 600)** になります。

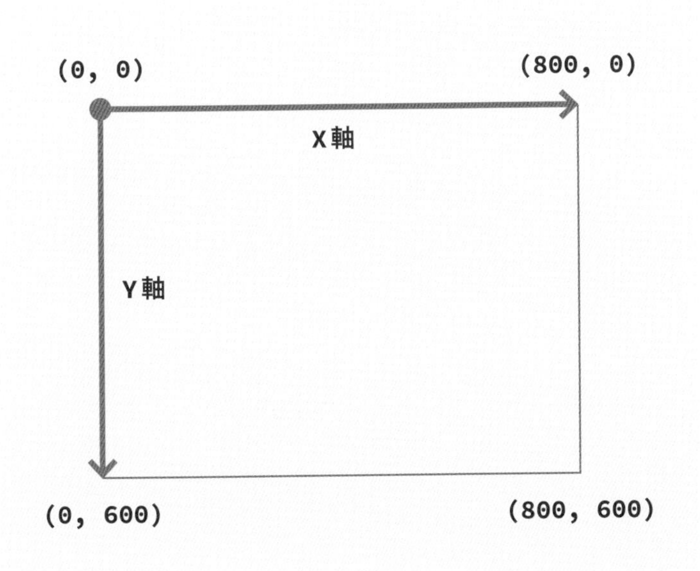
(0, 0)
(800, 0)
X軸
Y軸
(0, 600)
(800, 600)

図形を描く

draw関数 を使うと、四角形や線、円などの図形を描くことができます。

四角形を描くには、**draw.rect関数** を使うとP.116でやりましたね。**screen**、色、左上からの図形の位置 **(X, Y)**、幅、高さを指定します。

pygameでは、この「X座標, Y座標, 幅, 高さ」をまとめて「Rect」というデータとして扱います。pygameでは重要な考え方なので覚えておきましょう。

線を引くには、**draw.line関数**を使います。 **screen**、色、開始位置**(X1, Y1)**、終了位置**(X2,Y2)**、線の太さを指定します。

円を描くには、**draw.ellipse関数** を使います。円を描くので半径で指定するものだと思うかもしれませんが、**円をギリギリ囲む四角形の大きさ** で指定します。**screen**、色、左上からの図形の位置**(X, Y)**、幅、高さを指定します。さらに線の太さも指定します。

P.112で書いた**test21_1.py**の、［**5. 絵を描いたり、判定したりする**］の部分に、「線」と「円」の命令を追加してみましょう。

📄py プログラムの修正箇所（**test21_2.py**）

```
# 5.絵を描いたり、判定したりする
pg.draw.rect(screen, pg.Color("RED"), (100, 100, 100, 150))
pg.draw.line(screen, pg.Color("BLUE"), (250, 100), (350, 250), 5)
pg.draw.ellipse(screen, pg.Color("GREEN"), (400, 100, 150, 150), 5)
```

📄✓ 出力結果

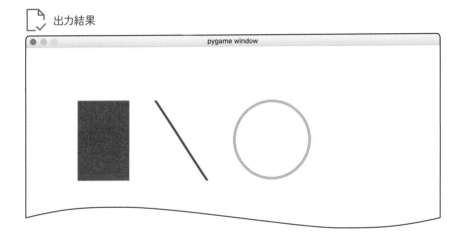

図形が3つ描画されましたね。3つの**draw**関数を使って**screen**に図形を描いておき、それを**update**関数でウィンドウ上に表示させたというわけです。

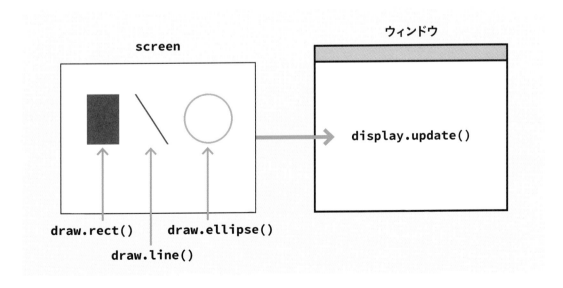

🖥 画像を描く

次はもっとゲームらしく、画像を描画してみましょう。

■

まずは、描画する画像を用意します。

好きな画像を使ってかまいませんが、今後もいろいろ使うので、できればダウンロードサイト（https://book.mynavi.jp/supportsite/detail/9784839973568.html）から、ダウンロードしたサンプル画像を使用してください。ダウンロードした「samplesrc.zip」を解凍すると、「samplesrc」の中に「images」フォルダが格納されています。好きな画像を使うときは、同じように画像が入ったフォルダ（images）を、**Pythonプログラムのファイルと同じフォルダにコピー**してください。Pythonプログラムは、外部のファイルを読み込むとき、「**そのプログラムファイルから見て読み込むファイルがどこにあるか**」を見ていきます。同じフォルダ内のimagesフォルダ内に画像があれば、「**imagesフォルダの中のcar.pngファイル**」と、指定することができます。

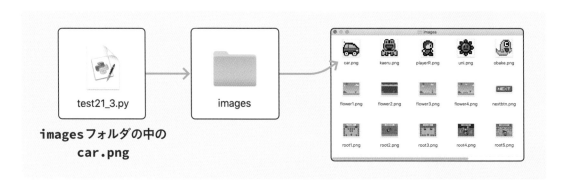

実際に画像を描画するには、以下の2つの手順で行います。

1. 画像を読み込む
2. その画像を描画する

「1. 画像を読み込む」には、**image.load関数**を使います。読み込む画像が**そのプログラムファイルから見てどこにあるか（画像ファイルパス）**を指定します。「**プログラムファイルと同じフォルダ内のimagesフォルダの中のcar.pngファイル**」であれば、「**pg.image.load("images/car.png")**」と指定しましょう。読み込んだ画像は、画像用の変数に入れておきます。

画像を読み込む

画像変数 = pg.image.load("画像ファイルパス")

「2. その画像を描画する」には、**screen**の **blit関数** を使って描画します。**読み込んだ画像データを入れた変数** と、表示する位置 **(X，Y)** を指定します。

> 読み込んだ画像を描画する
>
> **screen.blit(画像変数，(X，Y))**

それでは画像を表示させてみましょう。
読み込む画像はクルマ（**images/car.png**）です。

先ほど図形を表示したプログラム、**test21_1.py**の［5. 絵を描いたり、判定したりする］の部分に、

```
img1 = pg.image.load("images/car.png")
screen.blit(img1, (100,100))
```

と書けば表示できます。

> **画像を読み込んで**
>
> **img1 = pg.image.load("**画像ファイルパス**")**
>
> **その画像を描画する**
>
> **screen.blit(img1, (X，Y))**

しかし、これは **ステップ5**、つまりくり返しの中の処理です。**くり返し同じ画像を読み込む** のはちょっと無駄ですよね。画像の読み込みは『**1. ゲームの準備をする**』の部分で1回読み込むだけにしましょう。

それらを考慮してできたのが、以下の『**画像を表示するプログラム**』です。入力してみてください。

 入力プログラム（test21_3.py）

```python
# 1.ゲームの準備をする
import pygame as pg, sys
pg.init()
screen = pg.display.set_mode((800, 600))
img1 = pg.image.load("images/car.png")

# 2.この下をずっとループする
while True:
    # 3.画面を初期化する
    screen.fill(pg.Color("WHITE"))
    # 5.絵を描いたり、判定したりする
    screen.blit(img1, (100,100))
    # 6.画面を表示する
    pg.display.update()
    # 7.閉じるボタンが押されたら、終了する
    for event in pg.event.get():
        if event.type == pg.QUIT:
            pg.quit()
            sys.exit()
```

出力結果

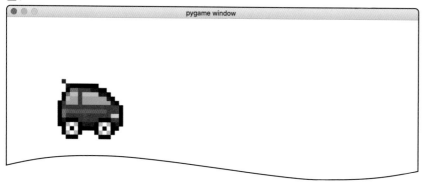

画像が表示されました。少し大きいので、もう少し小さく表示してみたいですね。

そういうときは、画像サイズを変更します。以下の手順で行います。

1. **画像を読み込む**
2. **その画像のサイズを変更する**
3. **その画像を描画する**

「1. 画像を読み込む」と「3. その画像を描画する」は先ほどの手順と同じです。
「2. その画像のサイズを変更する」には、**transform.scale関数** を使って行います。**画像を入れた変数**と、幅、高さを指定します。そのあと、サイズ変更された画像を変数に入れ直します。

画像のサイズを変更する

```
画像変数 = pg.transform.scale(画像変数,(幅,高さ))
```

---

test21_3.pyの［1. ゲームの準備をする］の部分を、以下のように修正しましょう。

 プログラムの修正箇所（ **test21_4.py** ）

```python
# 1. ゲームの準備をする
import pygame as pg, sys
pg.init()
screen = pg.display.set_mode((800, 600))
img1 = pg.image.load("images/car.png")
img1 = pg.transform.scale(img1, (50, 50))
```

出力結果

画像が小さくなりましたね！

文字列を描く

文字列も表示させてみましょう。ただしpygameは、**図形か画像しか表示できません**。そのため **文字を表示するときは画像にしてから** 描画します。

文字列の表示は、以下の3つの手順で行います。

1. **フォントを用意する**
2. **そのフォントを使って、文字列の画像を作る**
3. **その画像を描画する**

「1. フォントを用意する」には、**font.Font 関数** で文字サイズを指定して用意します（デフォルトのフォントを使う場合は、**None**と指定します）。

「2. そのフォントを使って、文字列の画像を作る」には、文字列から画像を作る**render 関数** で行います。**表示させたい文字列** と、**文字の色** を指定します（2番目の**True**は、文字列をなめらかにする指定です）。

> フォントを読み込んで文字列の画像を作る
>
> **font = pg.font.Font(**None**, 文字サイズ)**
> **画像変数 = font.render(文字列 ,** True**, 色)**

「文字列の画像」ができたら、**screen**の **blit関数** で描画します。

それでは『 **青い文字で「hello!」と表示するプログラム** 』を作ってみましょう。以下のプログラムを入力してください。

📄 py 入力プログラム（ **test21_5.py** ）

```
# 1.ゲームの準備をする
import pygame as pg, sys
pg.init()
screen = pg.display.set_mode((800, 600))
font = pg.font.Font(None, 50)
textimg = font.render("hello!", True, pg.Color("BLUE"))
```

```python
# 2.この下をずっとループする
while True:
    # 3.画面を初期化する
    screen.fill(pg.Color("WHITE"))
    # 5.絵を描いたり、判定したりする
    screen.blit(textimg, (200, 100))
    # 6.画面を表示する
    pg.display.update()
    # 7.閉じるボタンが押されたら、終了する
    for event in pg.event.get():
        if event.type == pg.QUIT:
            pg.quit()
            sys.exit()
```

📄✓ 出力結果

ただし、pygame は日本語が苦手です。**デフォルトで使えるのは半角英数字のみ**。日本語で「こんにちは!」と表示させようとするとおかしな表示になるので注意しましょう。

Pygameでは日本語は表示できない。表示するには、パソコンにあわせて設定する必要があるのだ。2通りの方法があるぞ。

1. システムフォントを使う方法

そのパソコンが持っている日本語フォントを探して使う方法だ。ただし、普通のフォント名ではなく、内部的なフォント名を使うので、以下のプログラムでフォント名を調べる必要がある。

```python
for x in pg.font.get_fonts():
    print(x)
```

わかりにくい名前のうえ、思うように日本語が表示されない場合があったり、読み込み時間がかかってしまうこともあるのが難点だ。

Windowsの場合は、以下のどれか1つの指定で動くことがあるようだぞ。

```python
font = pg.font.SysFont("msgothicmsuigothicmspgothic", 50)
font = pg.font.SysFont("meiryomeiryomeiryouimeiryouiitalic", 50)
font = pg.font.SysFont("yumincho", 50)
```

macOSの場合は、以下のどれか1つの指定で動くことがあるようだぞ。

```python
font = pg.font.SysFont("hiraginosansgb", 50)
font = pg.font.SysFont("fottsukuardgothicstde", 50)
font = pg.font.SysFont("applegothic", 50)
```

2. IPAexフォントを使う方法

こちらは、独立行政法人情報処理推進機構（IPA）によって配布されているフォントを使う方法だ。ダウンロードの手間はかかるが、フォントサイズが小さいので読み込みも早く、使いやすい。

IPAのURL（ https://moji.or.jp/ipafont/ipafontdownload/ ）の「IPAexフォント Ver.xxx.xx」をクリックすると、ダウンロードページが表示される。「IPAexゴシック （Ver.xxx.xx）ipaexgxxxxx.zip」をクリックしてダウンロードしよう。
解凍して出てくるフォント（**ipaexg.ttf**）を、Pythonのプログラムファイル（**xxx. py**）と同じフォルダに置いて使うのだ。

test21_5.py　　　ipaexg.ttf

このフォントを使えば、以下のようにフォント名で指定することで日本語が表示できる ぞ。

```
font = pg.font.Font("ipaexg.ttf",50)
textimg = font.render("こんにちは!", True, pg.Color("BLUE"))
```

こんにちは!

IPAexフォントは、基本的に誰でも無償で利用できる日本語フォントだ。商用利用も 可能だが、そのときは「IPAフォントライセンスv1.0」のライセンス条件に従おう。
https://moji.or.jp/ipafont/faq/

1.4
グラフィックスを
動かそう

絵の位置を少しずつ
変えて何度も
描き直しましょう。
すると、
絵が動き出します！

位置と大きさを表す変数：Rect

止まった絵は描けるようになりましたね。では次は絵を動かしてみましょう！

プログラムがループしているのは、実は絵を動かすためだったのです。ループの中で、高速に少しず
つ絵の位置を変えていけば、人間には動いているように見えるでしょう？

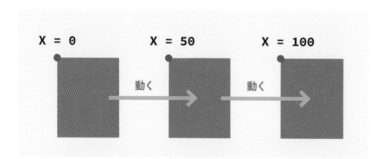

ゲームの中では、ただキャラクタを移動させるだけでなく、「壁や敵と衝突したか」を調べる必要があ
ります。そのためには「**X座標, Y座標**」だけでなく、「**幅, 高さ**」もまとめて扱う必要があるんです。
この「**X座標, Y座標, 幅, 高さ**」をひとまとめにしたデータがあります。それが「**Rect**」です。
Rectという **ひとまとまりのデータ** は、以下の命令で作ることができます。

> 位置と大きさをまとめて扱う
>
> **変数 = pg.Rect(X, Y, 幅, 高さ)**

Rectのそれぞれの値には、変数に「**.（ピリオド）**」と「**x、y、width、height**」をつけてアク
セスします。X座標は「**変数.x**」、Y座標は「**変数.y**」、幅は「**変数.width**」、高さは「**変数
.height**」と指定します。

『 **Rect**に値を入れて表示するプログラム 』を試してみましょう。

```python
import pygame as pg
a = pg.Rect(10,20,30,40)
print("X,Y=",a.x, a.y,"幅,高さ=",a.width, a.height)
a.x = a.x + 1
print("X,Y=",a.x, a.y,"幅,高さ=",a.width, a.height)
```

📄✓ 出力結果

```
X,Y= 10 20 幅,高さ= 30 40
X,Y= 11 20 幅,高さ= 30 40
```

どのように動いているのか、中を見てみましょう。

まず、位置「10、20」、幅「30」、高さ「40」で**Rect**を作り、変数**a**に入れています。

```python
a = pg.Rect(10,20,30,40)
```

その、XとY、幅、高さをそれぞれ表示します。

```python
print("X,Y=",a.x, a.y,"幅,高さ=",a.width, a.height)
```

a.xに「元の**a.x**の値に1足した値」を入れ直しています。つまり、「**a.x**に、1を足している」のです。再び表示すると、**X**の値が**11**に変わったことがわかります。

```python
a.x = a.x + 1
print("X,Y=",a.x, a.y,"幅,高さ=",a.width, a.height)
```

このように**Rect**は「ひとまとめに位置と大きさを扱えて、それぞれの値には個別にアクセスできる便利なデータ」なのです。

😊 位置をくり返し変え続ける

この**Rect**を使うと絵を動かすことができます。さっそくやってみましょう。

『 四角形が横に移動するプログラム 』です。入力してみてください。

入力プログラム（ test21_7.py ）

```python
# 1. ゲームの準備をする
import pygame as pg, sys
pg.init()
screen = pg.display.set_mode((800, 600))
myrect = pg.Rect(100,100,100,150)


# 2. この下をずっとループする
while True:
    # 3. 画面を初期化する
    screen.fill(pg.Color("WHITE"))
    # 5. 絵を描いたり、判定したりする
    myrect.x = myrect.x + 1
    pg.draw.rect(screen, pg.Color("RED"), myrect)
    # 6. 画面を表示する
    pg.display.update()
    pg.time.Clock().tick(60)
    # 7. 閉じるボタンが押されたら、終了する
    for event in pg.event.get():
        if event.type == pg.QUIT:
            pg.quit()
            sys.exit()
```

出力結果

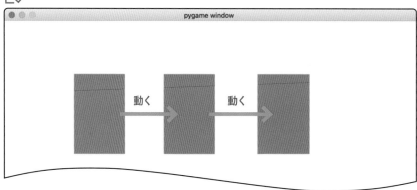

メニュー［Run→Run Module］で実行しましょう。図形が右に移動しました！
どのように動いているのか、ステップごとに中を見てみましょう。

［ステップ 1. ゲームの準備をする］

ゲーム準備の中で、**図形をどこに表示させるか** を変数**myrect**に作っておきます。

```
myrect = pg.Rect(100,100,100,150)
```

［ステップ 5. 絵を描いたり、判定したりする］

ループの中で、**myrect**の**x**に**1**を足して、表示させる位置を少し右に移動させます。
draw.rect関数 で、表示させる位置と幅と高さを **myrect** で指定します。

```
# 5.絵を描いたり、判定したりする
myrect.x = myrect.x + 1
pg.draw.rect(screen, pg.Color("RED"), myrect)
```
　　　　　　　　　　　　　　─── myrectでX、Y、幅、高さを指定

［ステップ 6. 画面を表示する］

あとは「**pg.display.update()**」で表示させるだけですが、処理が軽すぎるため、処理の早い
パソコンではスピードが出すぎてしまいます。そういうときのために、スピードを調整しましょう。
time.Clock().tick(60)と命令すると、「1秒間に60回以下のスピード」に調整してくれます。

```
# 6.画面を表示する
pg.display.update()
pg.time.Clock().tick(60)
```

スピードを調整する

pg.time.Clock().tick　　1秒間にこの回数以下のスピードにする

四角形は動きましたが、ただの四角形では面白くないですね。クルマを動かしてみましょう。
プログラムの修正箇所は2箇所です。

まず、クルマの画像を読み込みます。[1. ゲームの準備をする] の部分で、画像（**car.png**）を読み込んで、サイズを50×50に小さく変更し、最初の位置と大きさを**myrect**に入れておきます。

 プログラムの修正箇所：1（ **test21_8.py** ）

```python
# 1.ゲームの準備をする
import pygame as pg, sys
pg.init()
screen = pg.display.set_mode((800, 600))
img1 = pg.image.load("images/car.png")
img1 = pg.transform.scale(img1, (50, 50))
myrect = pg.Rect(100,100,50,50)
```

読み込んだ画像を描画するには **blit関数** を使って **表示する画像** と **位置(X，Y)** を指定するんでしたね。ここでも**Rect**を使うことでX座標とY座標を渡すことができます。

 プログラムの修正箇所：2（ **test21_8.py** ）

```python
# 5.絵を描いたり、判定したりする
myrect.x = myrect.x + 1
screen.blit(img1, myrect)
# 6.画面を表示する
pg.display.update()
```

出力結果

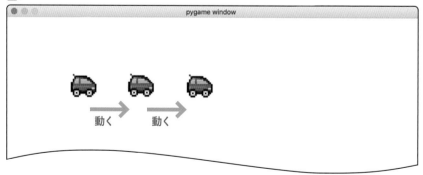

 どうです。クルマが走りましたよ！

134

2

キーやマウスで
動かそう

押されたキーを調べたり、マウスを押
した位置を調べると、キャラクタを移
動させるしくみを作ることができます。
キーを押したり、マウスでタッチした
キャラクタが動くのは楽しいですよ。
さらに、マウス操作をくわしく調べること
で「ボタン」を作ることもできるのです。

押されたキーを
調べて
絵を
動かしましょう。

 キーが押されたかを調べる

絵を動かせるようになりましたね。でも、まだ自動的に絵が動き続けるだけでゲームらしさはありません。次はキー操作で自分で動かしてみましょう！

キーボードでどのキーが押されているかを調べるには、**key.get_pressed関数** を使います。

どのキーが押されているかを調べる

キー変数 = pg.key.get_pressed()

返ってきた変数には「**今どのキーが押されているか**」がわかるいろいろな情報が入っているので、その中を調べます。例えば、「右キーが押されたか」は「キー変数 **[pg.K_RIGHT]**」の値が**True**か**False**であるかを調べます。**True**なら押されていることがわかります。

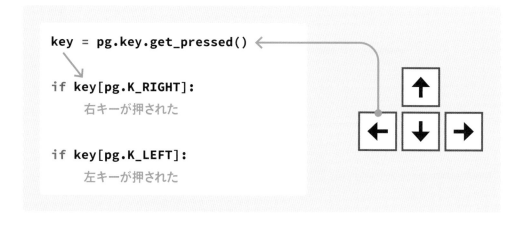

```
key = pg.key.get_pressed()

if key[pg.K_RIGHT]:
    右キーが押された

if key[pg.K_LEFT]:
    左キーが押された
```

左キーなら**pg.K_LEFT**、上キーなら**pg.K_UP**、下キーなら**pg.K_DOWN**、アルファベットのキーなら**pg.K_a**や**pg.K_b**、数字のキーなら**pg.K_0**、**pg.K_1**など、いろいろなキーを調べることができます。

それでは、『**左右のキーが押されたかを調べるプログラム**』を作ってみましょう。

押されたキーを取得して、押されたのが**pg.K_RIGHT**なら「**RIGHT**」、**pg.K_LEFT**ならば「**LEFT**」と表示します。

📄 py 入力プログラム（ **test22_1.py** ）

```python
# 1. ゲームの準備をする
import pygame as pg, sys
pg.init()
screen = pg.display.set_mode((800, 600))


# 2. この下をずっとループする
while True:
    # 3. 画面を初期化する
    screen.fill(pg.Color("WHITE"))
    # 4. ユーザーからの入力を調べる
    key = pg.key.get_pressed()
    if(key[pg.K_RIGHT]):
        print("RIGHT")
    if key[pg.K_LEFT]:
        print("LEFT")
    # 6. 画面を表示する
    pg.display.update()
    pg.time.Clock().tick(60)
    # 7. 閉じるボタンが押されたら、終了する
    for event in pg.event.get():
        if event.type == pg.QUIT:
            pg.quit()
            sys.exit()
```

出力結果

```
RIGHT
RIGHT
LEFT
```

メニュー［Run → Run Module］で実行してください。

右キーを押すと「**RIGHT**」、左キーを押すと「**LEFT**」と表示されます（IDLEに表示されます）。
高速でループしているので、どちらかのキーを少し押しただけでもたくさん表示されてしまいますね。
また、左右のキーを同時に押せば、「**RIGHT**」と「**LEFT**」が両方表示されます。

・

「**今どのキーが押されているか**」がわかるようになったところで、これを使って画像を動かしてみましょう。右キーが押されたら右に、左キーが押されたら左に画像を移動させます。

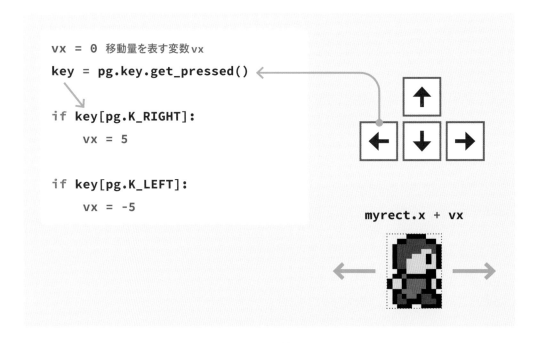

・

移動させるのは、幅80×高さ100の右向きの主人公の画像 **playerR.png** です。

『 左右キーでキャラクタが動くプログラム 』 です。 入力してみてください。

📄py 入力プログラム（ test22_2.py ）

```python
# 1. ゲームの準備をする
import pygame as pg, sys
pg.init()
screen = pg.display.set_mode((800, 600))
imageR = pg.image.load("images/playerR.png")
myrect = pg.Rect(300, 200, 80, 100)


# 2. この下をずっとループする
while True:
    # 3. 画面を初期化する
    screen.fill(pg.Color("WHITE"))
    vx = 0
    # 4. ユーザーからの入力を調べる
    key = pg.key.get_pressed()
    # 5. 絵を描いたり、判定したりする
    if(key[pg.K_RIGHT]):
        vx = 5
    if key[pg.K_LEFT]:
        vx = -5
    myrect.x = myrect.x + vx
    screen.blit(imageR, myrect)
    # 6. 画面を表示する
    pg.display.update()
    pg.time.Clock().tick(60)
    # 7. 閉じるボタンが押されたら、終了する
    for event in pg.event.get():
        if event.type == pg.QUIT:
            pg.quit()
            sys.exit()
```

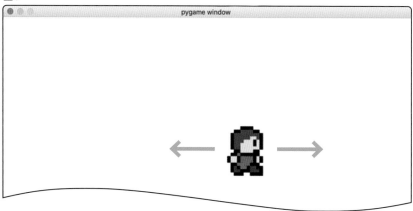

メニュー［Run→Run Module］で実行してください。
左右キーを押すと、キャラクタが左右に移動します！

どのように動いているのか、ステップごとに中を見てみましょう。

[ステップ 1. ゲームの準備をする]
まず、ゲーム準備のステップでキャラクタの画像（**playerR.png**）を変数 **imageR** に読み込んで、登場位置を変数 **myrect** に作っておきます。

```
imageR = pg.image.load("images/playerR.png")
myrect = pg.Rect(300, 200, 80, 100)
```

[ステップ 3. 画面を初期化する]
キーが押されていない状態では画像は止まっているので、移動量 **vx** は最初 **0** にしておきます。

```
vx = 0
```

[ステップ 5. 絵を描いたり、判定したりする]
❶右キーが押されたら **vx** に **5**、❷左キーが押されたら **vx** に **-5** を入れます。その後、❸キャラクタの位置を表す **x** に移動量 **vx** を足して表示します。
これで、左右キーを押すとその方向に移動するというわけです。

```
    if(key[pg.K_RIGHT]):  ── ❶
        vx = 5
    if key[pg.K_LEFT]:  ── ❷
        vx = -5
    myrect.x = myrect.x + vx  ── ❸
    screen.blit(imageR, myrect)
```

左に進むときは、絵を反転する

う〜ん。右向きの画像を使っているので、右へ動かすときは問題ないのですが、左に動かすとまるで
後ろ向きに動いているように見えてしまいます。ちゃんと前を向いて動いてほしいですよね。

「右に動くとき」は今のまま、「左に動くとき」は左向きの絵で移動させるには、「**左右反転した絵**」
を用意して、移動する向きに応じて画像を切り換えましょう。

左右反転の絵は、**transform.flip関数** を使って作ることができます。関数には **画像を入れた
変数** と、**左右反転するか**、**上下に反転するか** を指定します。反転するときは**True**、しないときは
Falseを指定して実行すると、反転画像ができてくるので変数に入れ直します。

画像を上下左右反転する

画像変数 = pg.transform.flip(画像変数, 左右反転, 上下反転)

それでは、**test22_2.py**を修正して『 **左右キーでキャラクタが前を向いて動くプログラム** 』を
作ってみましょう。

[ステップ 1. ゲームの準備をする]

❹右向きの画像を変数 **imageR** に読み込んだあと、❺左右反転した絵を作って、変数 **imageL** に
入れておきます。また、❻「右向きかどうか」を表す**rightFlag**を作っておきましょう。

📄py プログラムの修正箇所：1（test22_3.py）

```
# 1. ゲームの準備をする
import pygame as pg, sys
pg.init()
screen = pg.display.set_mode((800, 600))
imageR = pg.image.load("images/playerR.png")  ── ❹
```

▶次ページに続きます

```
imageL = pg.transform.flip(imageR, True, False) ── ❺
myrect = pg.Rect(300, 200, 80, 100)
rightFlag = True ── ❻
```

［ステップ 5. 絵を描いたり、判定したりする］

❼右キーが押されたときには**rightFlag**に**True**、❽左キーが押されたときには**rightFlag**に**False**
を入れます。こうすれば「今右向きかどうか」がすぐわかるようになります。その後、❾ **rightFlag**を見て、
Trueなら右向き（**imageR**）、そうでなければ左向き（**imageL**）の画像を表示させるというわけです。

📄py プログラムの修正箇所：2（**test22_3.py**）

```
# 5.絵を描いたり、判定したりする
if(key[pg.K_RIGHT]): ── ❼
    vx = 5
    rightFlag = True
if key[pg.K_LEFT]: ── ❽
    vx = -5
    rightFlag = False
myrect.x = myrect.x + vx
if rightFlag: ── ❾
    screen.blit(imageR, myrect)
else:
    screen.blit(imageL, myrect)
```

📄✓ 出力結果

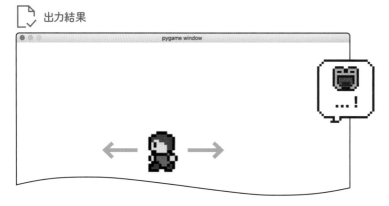

修正したら、メニュー［Run→Run Module］で実行してください。
左右キーを押してみましょう。右に移動するときは右向き、左に移動するときは左向きで動きますよ。

2.2

マウスで
絵を動かそう

マウスで
画面のどこを
押したかを
調べましょう。

マウスボタンが押されたかを調べる

キーボードで絵を動かせるようになったので、次はマウスで動かしてみましょう。

マウスが押されたかどうかを調べるには、**mouse.get_pressed関数** を使います。キーを調べるのと似ていますね。「**今マウスボタンが押されているか**」が返ってきます。
ただしマウスの場合、さらに「**マウスがどこを指しているか**」を別の命令で調べる必要があります。
それが **mouse.get_pos** 関数です。

マウスが押されたかを調べる

```
マウス変数 = pg.mouse.get_pressed()
(mx，my) = pg.mouse.get_pos()
```

「**マウスのどのボタンが押されているか**」を調べる「**マウス変数 = pg.mouse.get_pressed()**」
関数では、左ボタンが押されると**マウス変数[0]**、右ボタンが押されると**マウス変数[2]** が入ります。
マウス変数[1] には「真ん中のボタン」の情報が入るのですが、対応している環境は少ないようです。
マウスで押されることの多い左ボタンを調べるには、**マウス変数[0]** の値を見て、**True**か**False**か
を確認し、**True**であれば左ボタンが押されていることがわかります。

「**マウスが画面のどこを指しているか**」を調べる「**(mx，my) = pg.mouse.get_pos()**」関数
では、マウスが指している位置が**mx，my**の2つの変数に入ります。
この2つの関数を使うことで「マウスでどこを押したか」がわかるのです。

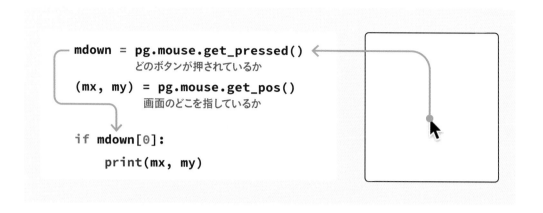

```
mdown = pg.mouse.get_pressed()
            どのボタンが押されているか
(mx, my) = pg.mouse.get_pos()
            画面のどこを指しているか

    if mdown[0]:
        print(mx, my)
```

『**マウスを押した位置を表示するプログラム**』を作ってみましょう。

マウスの情報を以下の関数を使って取得して、

```
mdown = pg.mouse.get_pressed()
(mx, my) = pg.mouse.get_pos()
```

もし、左ボタンが押されていたら、**mx**、**my** の値を表示します。

```
if mdown[0]:
    print(mx, my)
```

📄 入力プログラム（ **test22_4.py** ）

```python
# 1. ゲームの準備をする
import pygame as pg, sys
pg.init()
screen = pg.display.set_mode((800, 600))

# 2. この下をずっとループする
while True:
    # 3. 画面を初期化する
    screen.fill(pg.Color("WHITE"))
```

```python
# 4.ユーザーからの入力を調べる
mdown = pg.mouse.get_pressed()
(mx, my) = pg.mouse.get_pos()
# 5.絵を描いたり、判定したりする
if mdown[0]:
    print(mx, my)
# 6.画面を表示する
pg.display.update()
pg.time.Clock().tick(60)
# 7.閉じるボタンが押されたら、終了する
for event in pg.event.get():
    if event.type == pg.QUIT:
        pg.quit()
        sys.exit()
```

 出力結果

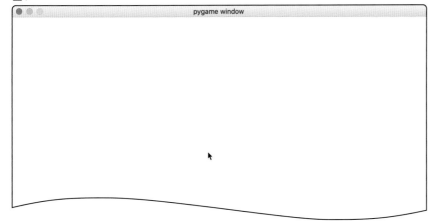

```
377 250
377 250
```

 メニュー［Run→Run Module］で実行してください。
マウスの左ボタンを押すと、「マウスの指している位置の座標」が表示されます。

マウスで図形を動かす

マウスで押した位置がわかるようになったので、そこに図形を描いてみましょう。

print文 を使う代わりに **draw文** で四角形を描くように修正するだけです。

以下のプログラムでは幅100、高さ100の四角形を描いています。-50という数字が気になりますね。これは、何も指定せずに描くとマウスの指す位置が四角形の左上になってしまうため、**X**と**Y**から四角形の幅と高さの半分である50を引いて表示させているんです。こうすることで、マウスの指す位置が四角形の真ん中になります。

 プログラムの修正箇所（**test22_5.py**）

```python
# 5.絵を描いたり、判定したりする
if mdown[0]:
    pg.draw.rect(screen, pg.Color("RED"), (mx-50, my-50,
100, 100))
```

出力結果

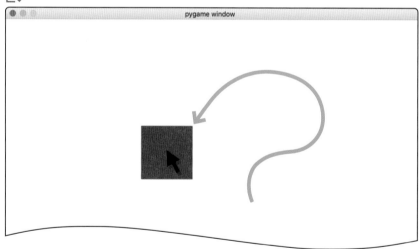

 修正したらメニュー［Run→Run Module］で実行してください。

どうですか。マウスでボタンを押しながら動かすと、四角形がマウスにくっついて動き回ります。

2.3
ボタンを作ろう

ボタンの絵を
描いてマウスで
押したかどうかを
調べれば
ボタンを作れます。

 マウスで押した位置が、ボタンの中なら押したと判断する

次は「**マウスで押せるボタン**」を作ってみましょう。「**マウスで押した位置**」と「**ボタンの絵の範囲**」がわかれば、ボタンを押したかどうかを調べることができます。

実は画像を描くときに使う **blit関数** には、**表示した画像の範囲（X，Y，幅，高さ）を返す**という機能がついています。つまりボタンの絵を描けば、自動的に「**ボタンの絵の範囲**」も手に入れることができるのです。

画像を描画して、その範囲を取得する

画像の範囲 = screen.blit(画像変数，(X，Y))

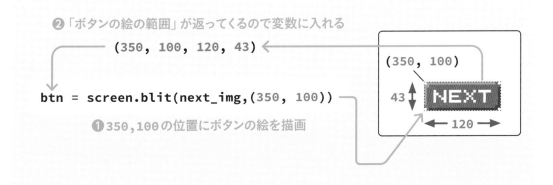

❷「ボタンの絵の範囲」が返ってくるので変数に入れる

(350, 100, 120, 43)

(350, 100)

43

NEXT

120

btn = screen.blit(next_img,(350, 100))

❶350,100の位置にボタンの絵を描画

さらに **Rect.collidepoint関数** を使えば、「**ある点が、ある範囲内に入っているか**」を調べることができます。つまり「**マウスで押した点が、ボタンの範囲内に入っているか**」を調べることができるのです。

座標が描写範囲内にあるかを調べる

ある範囲.collidepoint(X, Y)

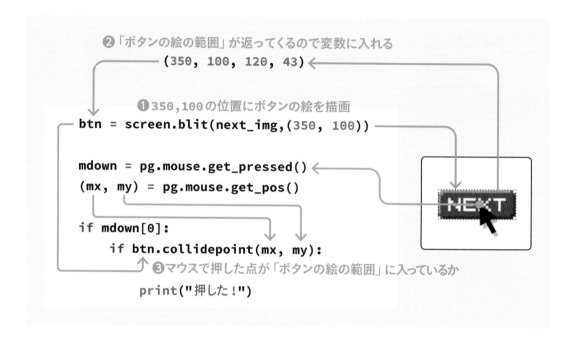

❷「ボタンの絵の範囲」が返ってくるので変数に入れる

(350, 100, 120, 43)

❶350,100の位置にボタンの絵を描画

```
btn = screen.blit(next_img,(350, 100))

mdown = pg.mouse.get_pressed()
(mx, my) = pg.mouse.get_pos()

if mdown[0]:
    if btn.collidepoint(mx, my):
```

❸マウスで押した点が「ボタンの絵の範囲」に入っているか

```
        print("押した!")
```

これらを使って『 **ボタンをマウスを押したか調べるプログラム** 』を作ってみましょう。以下のように入力してください。

📄py 入力プログラム（ **btntest1.py** ）

```
# 1.ゲームの準備をする
import pygame as pg, sys
pg.init()
screen = pg.display.set_mode((800, 600))
next_img = pg.image.load("images/nextbtn.png")

# 2.この下をずっとループする
while True:
    # 3.画面を初期化する
    screen.fill(pg.Color("WHITE"))
```

```
btn = screen.blit(next_img,(350, 200))
# 4.ユーザーからの入力を調べる
mdown = pg.mouse.get_pressed()
(mx, my) = pg.mouse.get_pos()
# 5.絵を描いたり、判定したりする
if mdown[0]:
    if btn.collidepoint(mx, my):
        print("押した!")
else:
    print("押していない")
# 6.画面を表示する
pg.display.update()
pg.time.Clock().tick(60)
# 7.閉じるボタンが押されたら、終了する
for event in pg.event.get():
    if event.type == pg.QUIT:
        pg.quit()
        sys.exit()
```

 出力結果

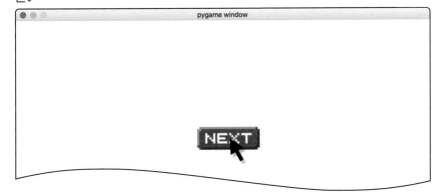

押していない
押した!
押した!
押した!

149

メニュー［Run→Run Module］で実行してください。
ボタンを押したときだけ「押した!」と表示されます。

どのように動いているのか、中を見てみましょう。

［ステップ 1. ゲームの準備をする］
まずゲーム準備の中でボタンの画像（**nextbtn.png**）を読み込んでおきます。

```
next_img = pg.image.load("images/nextbtn.png")
```

［ステップ 3. 画面を初期化する］
❶画面を真っ白に塗りつぶして、❷ボタン画像を表示しましょう。このときの戻り値は変数**btn**に入れて、**ボタンの絵の範囲** を手に入れておきましょう。

```
screen.fill(pg.Color("WHITE")) ── ❶
btn = screen.blit(next_img,(350, 200)) ── ❷
```

［ステップ 5. 絵を描いたり、判定したりする］
左ボタンが押されたとき、マウスで押した点 **(mx, my)** が、ボタンの絵の範囲**btn**に入っていたら「押した!」と表示し、左ボタンを押していなかったら「押していない」と表示させます。

```
if mdown[0]:
    if btn.collidepoint(mx, my):
        print("押した!")
else:
    print("押していない")
```

押したら1回だけ実行するボタン

う〜ん。ボタンを押したことはわかるのですが、少し押しただけで何回も「押した!」と実行され続けてしまいます。「押したら1回だけ実行するボタン」に修正したいですね。
押したら1回だけ実行するボタン は、「**Flag変数**」を使えば作れます。
「**ボタンはもう押しましたFlag（pushFlag）**」を変数で用意しておいて、最初は「**まだ押してい**

ない（**False**）」にしておくのです。

ボタンを押したとき、**pushFlag**を見ると「まだ押していない（**False**）」ので、「処理を実行」します。実行したら**pushFlag**は「もう押しました（**True**）」に変更しておきます。

そのまま連続でボタンを押し続けていることがわかったとき、**pushFlag**を見ると、すでに「もう押しました（**True**）」となっているので、「処理を実行せず」スルーすることができるのです。

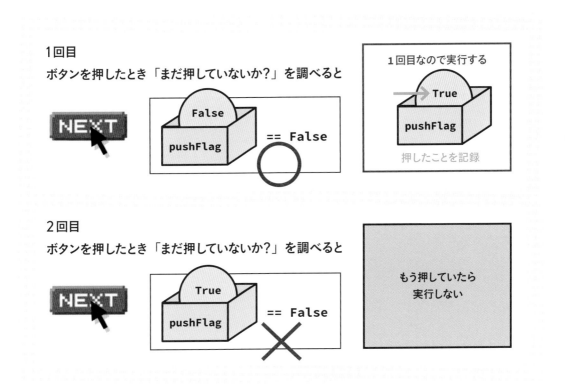

ただし、このままだと「たった1回しか押せないボタン」になってしまうので、マウスを離したときに**pushFlag**を「まだ押していない（**False**）」に戻します。こうすることで「押すたびに、1回だけ実行するボタン」ができるのです。

btntest1.pyを修正して、『 押したら1回だけ実行するボタンのプログラム 』にしてみましょう。

［ステップ 1. ゲームの準備をする］

ゲームの準備の中で「**ボタンはもう押しましたFlag（pushFlag）**」を作って、「まだ押していない（**False**）」にしておきます。

プログラムの修正箇所：1（ **btntest2.py** ）

```
pushFlag = False
```

［ステップ 5. 絵を描いたり、判定したりする］

左ボタンが押されたとき、マウスで押した点 **(mx，my)** がボタンの絵の範囲 **btn** の中に入っていて、さらに **pushFlag** が **False** なら「押した！」と表示して、**pushFlag** を **True** に変更します。さらに、左ボタンを押していなかったら「押していない」と表示させて、**pushFlag** を **False** に戻しましょう。

📄 プログラムの修正箇所：2（**btntest2.py**）

```python
if mdown[0]:
    if btn.collidepoint(mx, my) and pushFlag == False:
        print("押した！")
        pushFlag = True
else:
    print("押していない")
    pushFlag = False
```

📄 出力結果

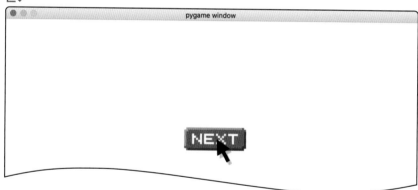

```
押していない
押していない
押していない
押した！
```

 メニュー ［Run→Run Module］ で実行してください。
ボタンを押すたびに1回だけ「押した！」と表示されるようになります！

3

画面の切り換えで
紙芝居

多くのゲームは、タイトル画面、ステージ画面、ゲームオーバー画面など、複数の画面を持っています。ですので「画面を切り換えるしくみ」を作ってみましょう。そのシンプルな例として「紙芝居」を作ります。ボタンを押したら画面が切り換わっていきますよ。

CHAPTER
3.1
1ページを
1つの関数にまとめる

紙芝居を
作りましょう。
まずは、
1ページだけの
紙芝居です。

1ページを1つの関数にして呼び出す

一般的なゲームは複数の画面を持っています。タイトル画面から始まって、ヘルプ画面、ステージ1、ステージ2、ボスステージ、ゲームオーバー、ゲームクリアなど、**いくつもの画面が切り換わって1つのゲーム** になっているのです。

pygameでは **ループ** を利用してゲームを作ってきましたが、このような「**複数の画面が切り換わるしかけ**」は、いったいどのようにすれば作れるのでしょうか。

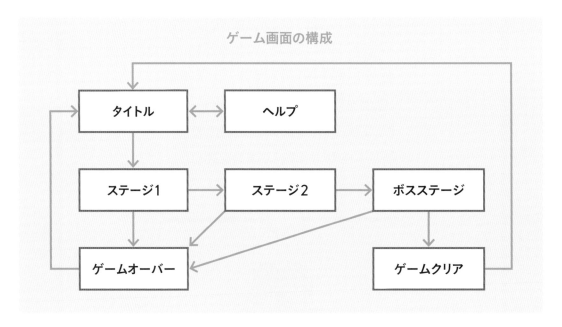

このしかけを一番シンプルにすると「**紙芝居**」になります。「**各ページにボタンがあって、ボタンを押すと次のページへ進むだけ**」というものです。それぞれのページは絵が表示されているだけで、ボタンを押す以外はなにもできません。

紙芝居の構成

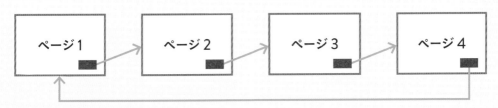

ですが、この 紙芝居 を作ることができれば、あるページを「ステージ1」や「ボスステージ」に改造することで、画面が切り換わるゲームにしていくことができます。ですので、まずは「紙芝居」から作っていくことにしましょう。

このとき重要な考え方は、「1ページの処理は1つにまとめる」ということです。たくさんあるページを混ぜて考えようとすると、プログラムがかなりややこしくなってしまいます。

それぞれのページの処理を「同時に行うこと」はありません。各ページで行う処理は別々のものなので、「**ページごとに行う処理をひとまとめ**」にして、分けて考えましょう。プログラムで **仕事をひとまとめにする** には、関数が使えましたね。つまり、「**1ページを1つの関数にまとめて**」分けて作っていけばいいのです。

「今、どのページを表示するのか」は変数 **page** を用意しましょう。そこに表示するページ番号を入れておきます。ループの中で変数 **page** を見て、表示するページを切り換えます。もし、**page** が **1** ならページ1を、**page** が **2** ならページ2を表示すると **if** 文で判断すればいいのです。

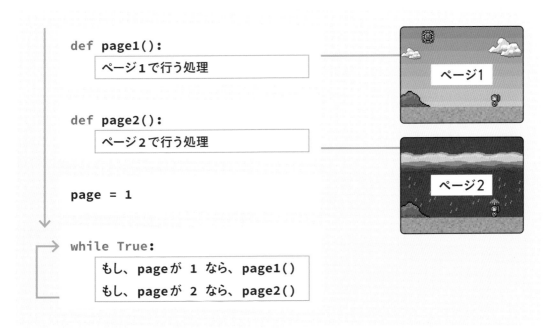

3
画面の切り換えで紙芝居

155

紙芝居の絵には、**flower1.png**、**flower2.png**を使いましょう。横800×縦600の画像なので、表示すれば画面いっぱいになる画像です。

flower1.png

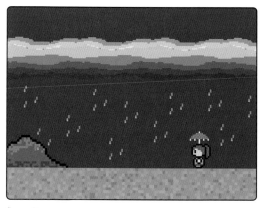

flower2.png

それでは作ってみましょう。以下が『 **ページ1が表示されるプログラム** 』です。
入力してみてください。

📄 py 入力プログラム（ **story1.py** ）

```python
# 1.ゲームの準備をする
import pygame as pg, sys
pg.init()
screen = pg.display.set_mode((800, 600))

# 紙芝居
img1 = pg.image.load("images/flower1.png")
img2 = pg.image.load("images/flower2.png")

def page1():
    # 3.画面を初期化する
    screen.blit(img1, (0,0))

def page2():
    # 3.画面を初期化する
    screen.blit(img2, (0,0))
```

```
page = 1
# 2.この下をずっとループする
while True:
    if page == 1:
        page1()
    elif page == 2:
        page2()
    # 6.画面を表示する
    pg.display.update()
    pg.time.Clock().tick(60)
    # 7.閉じるボタンが押されたら、終了する
    for event in pg.event.get():
        if event.type == pg.QUIT:
            pg.quit()
            sys.exit()
```

出力結果

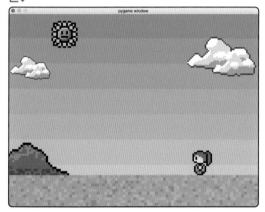

 メニュー［Run→Run Module］で実行してください。
ページ1の画像が表示されますね。

どのように動いているのか、ステップごとに中を見てみましょう。

［ステップ 1. ゲームの準備をする］

まず、**flower1.png**と**flower2.png**の画像を、変数**img1**と**img2**に読み込みます。

```
img1 = pg.image.load("images/flower1.png")
img2 = pg.image.load("images/flower2.png")
```

さらにページ1の関数**page1()**と、ページ2の関数**page2()**を作ります。

画面の初期化は、「白い塗りつぶし」の代わりに画像を表示します。横800×縦600の画像なので、左上の**(0, 0)**の位置から表示すれば、ちょうど画面いっぱいに表示されますね。

```
def page1():
    # 3.画面を初期化する
    screen.blit(img1, (0,0))


def page2():
    # 3.画面を初期化する
    screen.blit(img2, (0,0))
```

「今、どのページを表示するのか」を入れる変数**page**を用意します。ページ1を表示するので、**1**を入れておきましょう。

```
page = 1
```

［ステップ 2. この下をずっとループする］

ループの中では変数**page**を見て、表示するページを切り換えます。もし、**page**が**1**なら**page1()**を、**page**が**2**なら**page2()**を実行します。

```
while True:
    if page == 1:
        page1()
    elif page == 2:
        page2()
```

pageに入っているのは**1**なので、ページ1が表示されたというわけです。

次は、この **story1.py** を『 **ページ2が表示されるプログラム** 』に修正しましょう。

ページ2を表示するには、変数 **page** の値を **2** に変更するだけです。

[ステップ1. ゲームの準備をする]

page に **2** を入れます。修正する箇所はこれだけです。

 プログラムの修正箇所：1（ **story2.py** ）

```
# 1. ゲームの準備をする
page = 2
```

出力結果

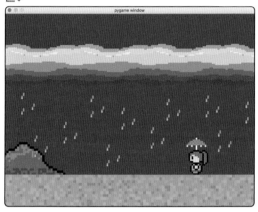

メニュー ［Run → Run Module］ で実行してください。

ページ2の画像が表示されます。

 「 **変数の値を変えるだけで、ページの切り換え** 」ができるのです。

これは使えそうですね。

「ボタンを押したら、次のページに進むしくみ」を追加しましょう。

1ページにボタンを1つ置いて、まっすぐ進む

変数の値を変えるだけで、**ページの切り換え** ができるようになったので、これに「**ボタン機能**」を追加して「**紙芝居**」を作りましょう。ボタンを押したら、変数**page**の値を変えるのです。

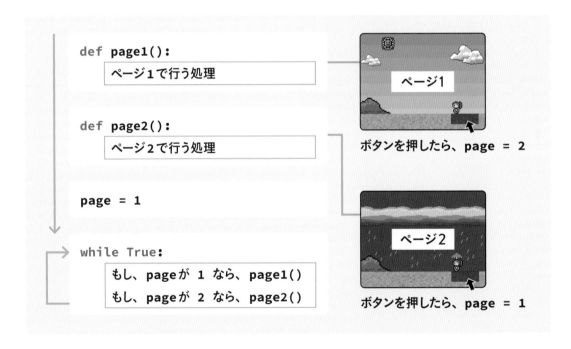

```
def page1():
    ページ1で行う処理

def page2():
    ページ2で行う処理

page = 1

while True:
    もし、pageが 1 なら、page1()
    もし、pageが 2 なら、page2()
```

ページ1

ボタンを押したら、page = 2

ページ2

ボタンを押したら、page = 1

ボタン機能 は、Chapter 2のP.150で説明した「**押したら1回だけ実行するボタン**」を利用すれば作れます。しかし、ボタン機能はどのページでも使いますから、関数にまとめておきましょう。「**ボタンを押したら、指定したページに切り換わる関数**」にして、各ページから呼び出すようにします。ボタンの絵には、**nextbtn.png**を使いましょう。

以下が『ボタンでページが切り換わるプログラム（2ページ版）』です。入力してみてください。

📄 入力プログラム（`story3.py`）

```python
# 1.ゲームの準備をする
import pygame as pg, sys
pg.init()
screen = pg.display.set_mode((800, 600))
## 紙芝居
img1 = pg.image.load("images/flower1.png")
img2 = pg.image.load("images/flower2.png")
## ボタン
next_img = pg.image.load("images/nextbtn.png")


pushFlag = False
## btnを押したら、newpageにジャンプする関数
def button_to_jump(btn, newpage):
    global page, pushFlag        # global変数については、P.167のコラムで説明
    # 4.ユーザーからの入力を調べる
    mdown = pg.mouse.get_pressed()
    (mx, my) = pg.mouse.get_pos()
    if mdown[0]:
        if btn.collidepoint(mx, my) and pushFlag == False:
            page = newpage
            pushFlag = True
    else:
        pushFlag = False


def page1():
    # 3.画面を初期化する
    screen.blit(img1, (0,0))
    btn1 = screen.blit(next_img,(600, 540))
    # 5.絵を描いたり、判定したりする
    button_to_jump(btn1, 2)
```

▶次ページに続きます

```python
def page2():
    # 3.画面を初期化する
    screen.blit(img2, (0,0))
    btn1 = screen.blit(next_img,(600, 540))
    # 5.絵を描いたり、判定したりする
    button_to_jump(btn1, 1)


page = 1
# 2.この下をずっとループする
while True:
    if page == 1:
        page1()
    elif page == 2:
        page2()
    # 6.画面を表示する
    pg.display.update()
    pg.time.Clock().tick(60)
    # 7.閉じるボタンが押されたら、終了する
    for event in pg.event.get():
        if event.type == pg.QUIT:
            pg.quit()
            sys.exit()
```

📄 出力結果

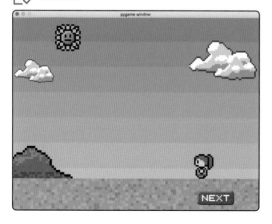

メニュー［Run→Run Module］で実行してください。

［NEXT］ボタンを押すと、2つのページが切り換わりますよ。

どのように動いているのか、プログラムの中を詳しく見てみましょう。これまでは7つのステップ順にプログラムを書いていけましたが、機能が増えてくるとだんだん入り組んできます。今どのステップを見ているのかを意識して進めましょう。

［ゲームの準備］に［ボタン］を追加

nextbtn.pngの画像を、変数**next_img**に読み込みます。

```
next_img = pg.image.load("images/nextbtn.png")
```

［ボタンジャンプ関数］の追加

これが **ボタン機能** の関数です。**button_to_jump**という名前をつけて作りました。

```
pushFlag = False
## btnを押したら、newpageにジャンプする関数
def button_to_jump(btn, newpage):
    global page, pushFlag
    # 4.ユーザーからの入力を調べる
    mdown = pg.mouse.get_pressed()
    (mx, my) = pg.mouse.get_pos()
    if mdown[0]:
        if btn.collidepoint(mx, my) and pushFlag == False:
            page = newpage
            pushFlag = True
    else:
        pushFlag = False
```

button_to_jump関数をプログラムの中で呼び出すときは、ボタンのRectとジャンプ先のページ番号を指定します。

```
button_to_jump(ボタンのRect, ページ番号)
```

例えば、「**btn1**というボタンを押したとき、ページ2にジャンプさせたい」なら**button_to_jump(btn1, 2)**と指定して使います。すると、**button_to_jump**関数の中では、**btn1**と**2**を受け取って、「**マウスを押したとき、btn1の範囲内を指していたら、変数pageに2を入れてジャンプする**」と判断するわけです。

[ページ切り換え関数] を追加

ページ1の関数**page1()**と、ページ2の関数**page2()**を作ります。それぞれの画像を表示したあと、ボタンを描いて、その「ボタンの範囲」を受け取ります。

「**btn**を押したら、**newpage**にジャンプする関数」で作った**button_to_jump**関数を呼び出し、ボタンを押したら指定したページに切り換えるしかけを作りましょう。

```python
def page1():
    # 3.画面を初期化する
    screen.blit(img1, (0,0))
    btn1 = screen.blit(next_img,(600, 540))
    # 5.絵を描いたり、判定したりする
    button_to_jump(btn1, 2)


def page2():
    # 3.画面を初期化する
    screen.blit(img2, (0,0))
    btn1 = screen.blit(next_img,(600, 540))
    # 5.絵を描いたり、判定したりする
    button_to_jump(btn1, 1)
```

COLUMN：紙芝居からゲームへ

ちなみに今回は紙芝居なので、単純に「**ボタンを押したら、変数の値が変わるしくみ**」を作ったが、ゲームでは「敵と衝突したら」「一定の時間が経ったら」など、変数の値が変わるパターンはいろいろ考えられる。
「変数の値を変えるだけでページの切り換え」ができるのはとても便利なしくみなのだ。

紙芝居のページを増やす

story3.py は2ページだけの紙芝居でしたが、このページを増やしてみましょう。 **flower3.png** と **flower4.png** のページを追加します。

flower3.png

flower4.png

『**ボタンでページが切り換わるプログラム（4ページ版）**』を作ります。以下の部分を修正しましょう。

[ゲームの準備] の [紙芝居] を修正

読み込む画像を増やします。 **flower3.png** と、 **flower4.png** の画像を、変数 **img3** と **img4** に読み込みます。

📄py プログラムの修正箇所：1（**story4.py**）

```
## 紙芝居
img1 = pg.image.load("images/flower1.png")
img2 = pg.image.load("images/flower2.png")
img3 = pg.image.load("images/flower3.png")
img4 = pg.image.load("images/flower4.png")
```

[ページ切り換え関数] を修正

ページ3の関数 **page3()** と、ページ4の関数 **page4()** を増やします。

中身は、 **page1()** や **page2()** とほぼ同じで、「**表示する画像**」と「**button_to_jump** 関数に渡すジャンプ先」が違うだけです。さらに、 **page2()** の最後の「**button_to_jump(btn1, 1)**」を「**button_to_jump(btn1, 3)**」に変更してください。 **page2()** から **page3()** に切り替わるようにします。

```python
def page3():
    # 3.画面を初期化する
    screen.blit(img3, (0,0))
    btn1 = screen.blit(next_img,(600, 540))
    # 5.絵を描いたり、判定したりする
    button_to_jump(btn1, 4)


def page4():
    # 3.画面を初期化する
    screen.blit(img4, (0,0))
    btn1 = screen.blit(next_img,(600, 540))
    # 5.絵を描いたり、判定したりする
    button_to_jump(btn1, 1)
```

［2. この下をずっとループする］を修正

ページ数が増えたので、ループ内の分岐を増やします。

```python
# 2.この下をずっとループする
while True:
    if page == 1:
        page1()
    elif page == 2:
        page2()
    elif page == 3:
        page3()
    elif page == 4:
        page4()
```

この3箇所を修正すれば、まだまだページ数を増やすこともできますね。

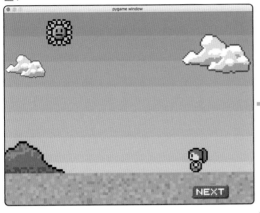

メニュー［Run→Run Module］で実行してください。

［NEXT］ボタンを押せば、4つのページが切り換わります。

COLUMN：ローカル変数とglobal変数

button_to_jump関数の中の2行目を見ると

```
global page, pushFlag
```

と書かれている。これについて説明しよう。

変数は、作られたのが「関数の中か、外か」で違う種類の変数になるのだ。関数の中で作られた変数は「**ローカル変数**」という。「関数の中という地方で使われる変数」という意味だ。**関数の中だけで使われて、関数が終わると消える一時的な変数** なのだ。

これに対し、関数の外で作られた変数は「**グローバル変数**」という。「関数の外という世界で使われる変数」という意味だ。プログラムの実行中はずっと消えない。

ローカル変数とグローバル変数は、名前が同じでも別々の変数として扱われる。「世界で活躍する太郎くん」と「地元の太郎くん」が違う人のように、活躍の場がそれぞれ違うからだ。地元で「太郎くん」と呼んだら「地元の太郎くん」が振り向く。同じように、関数の中で変数名を使うと「ローカル変数」が使われる。「グローバル変数」を使いたいときには、「世界の太郎くん」と呼ぶように「**global 変数名**」と指定する必要があるのだ。

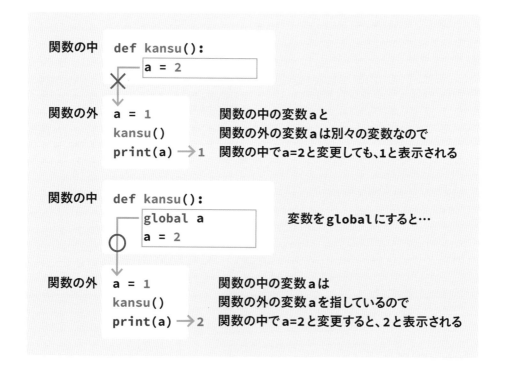

```
関数の中   def kansu():
              a = 2

関数の外   a = 1          関数の中の変数aと
          kansu()        関数の外の変数aは別々の変数なので
          print(a) → 1   関数の中でa=2と変更しても、1と表示される
```

```
関数の中   def kansu():
              global a     変数をglobalにすると…
              a = 2

関数の外   a = 1          関数の中の変数aは
          kansu()        関数の外の変数aを指しているので
          print(a) → 2   関数の中でa=2と変更すると、2と表示される
```

global 関数の外にある変数

紙芝居 のプログラムで考えると、**pushFlag**や**page**はずっと保存しておく必要がある。関数が終わるたびに消えてしまったら、「さっきボタンを押していたか」や「今どのページを表示すればいいか」がわからなくなってしまうからな。

だから、**pushFlag**と**page**は**button_to_jump**関数の外に置いておく必要がある。ところが**button_to_jump**関数の中から、**pushFlag**や**page**を書き換える必要がある。そのため、「**global page, pushFlag**」と命令して、「関数の外にある、グローバル変数に書き込みますよ」と命令しておくのだ。図にするとこのようになるぞ。

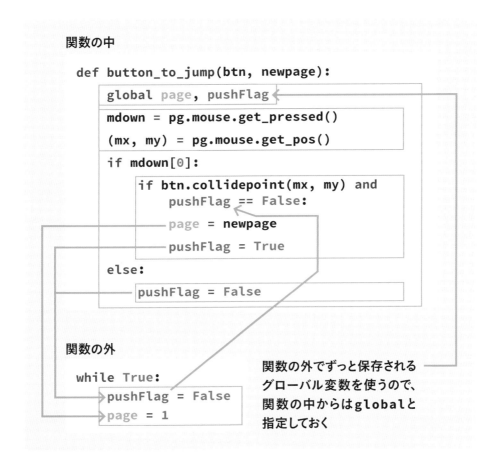

関数の中

```
def button_to_jump(btn, newpage):
    global page, pushFlag
    mdown = pg.mouse.get_pressed()
    (mx, my) = pg.mouse.get_pos()
    if mdown[0]:
        if btn.collidepoint(mx, my) and
            pushFlag == False:
            page = newpage
            pushFlag = True
    else:
        pushFlag = False
```

関数の外

```
while True:
    pushFlag = False
    page = 1
```

関数の外でずっと保存されるグローバル変数を使うので、関数の中からは**global**と指定しておく

CHAPTER
3.3
枝分かれの
紙芝居

 =

1ページに複数ボタンを置いて、枝分かれして進む

紙芝居 の1つのページに複数のボタンを置いてみましょう。これだけで、**枝分かれゲーム** を作ることができます。

例えば、ページ1にボタンを2つ置いて、1つ目のボタンはページ2へ、2つ目のボタンはページ3へジャンプするようにします。これで、「**ユーザーが進む道を選択できる紙芝居**」になるのです。

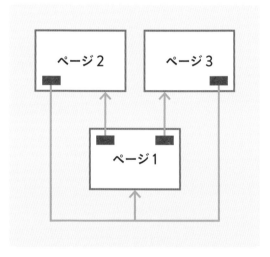

紙芝居の絵には選択画面（**root1.png**）、ゲームオーバー（**root2.png**）、ゲームクリア（**root5.png**）を使いましょう。

root1.png

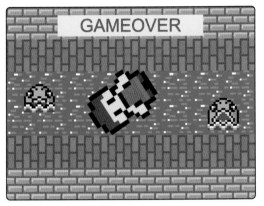

root2.png

root5.png

最初のページで「2つの扉のどちらに進むか」を選択すると、どちらかがゲームオーバーで、どちらかがゲームクリアになります。

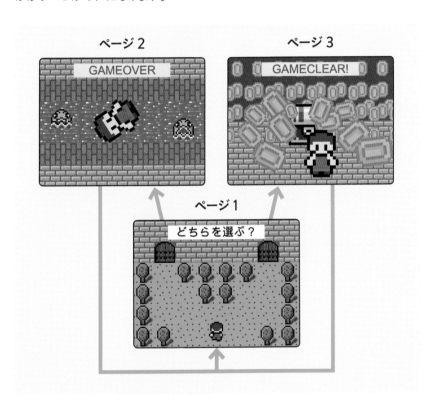

ゲーム終了後には「戻る」ボタンも必要ですね。**replaybtn.png**
も使いましょう。

P.172が、『**進む道を選択する紙芝居プログラム（1つの選択版）**』です。入力してみてください。

```
# 1.ゲームの準備をする
import pygame as pg, sys
pg.init()
screen = pg.display.set_mode((800, 600))
## 紙芝居
img1 = pg.image.load("images/root1.png")
img2 = pg.image.load("images/root2.png")
img5 = pg.image.load("images/root5.png")
## ボタン
next_img = pg.image.load("images/nextbtn.png")
replay_img = pg.image.load("images/replaybtn.png")


pushFlag = False
## btnを押したら、newpageにジャンプする
def button_to_jump(btn, newpage):
    global page, pushFlag
    # 4.ユーザーからの入力を調べる
    mdown = pg.mouse.get_pressed()
    (mx, my) = pg.mouse.get_pos()
    if mdown[0]:
        if btn.collidepoint(mx, my) and pushFlag == False:
            page = newpage
            pushFlag = True
    else:
        pushFlag = False


def page1():
    # 3.画面を初期化する
    screen.blit(img1, (0,0))
    btn1 = screen.blit(next_img,( 90, 220))
    btn2 = screen.blit(next_img,(590, 220))
    # 5.絵を描いたり、判定したりする
```

```python
        button_to_jump(btn1, 2)
        button_to_jump(btn2, 3)


def page2():
    # 3. 画面を初期化する
    screen.blit(img2, (0,0))
    btn1 = screen.blit(replay_img,(600, 520))
    # 5. 絵を描いたり、判定したりする
    button_to_jump(btn1, 1)


def page3():
    # 3. 画面を初期化する
    screen.blit(img5, (0,0))
    btn1 = screen.blit(replay_img,(600, 520))
    # 5. 絵を描いたり、判定したりする
    button_to_jump(btn1, 1)


page = 1
# 2. この下をずっとループする
while True:
    if page == 1:
        page1()
    elif page == 2:
        page2()
    elif page == 3:
        page3()
    # 6. 画面を表示する
    pg.display.update()
    pg.time.Clock().tick(60)
    # 7. 閉じるボタンが押されたら、終了する
    for event in pg.event.get():
        if event.type == pg.QUIT:
            pg.quit()
            sys.exit()
```

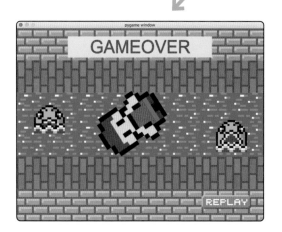

メニュー［Run→Run Module］で実行してください。

左の［NEXT］ボタンを押せばゲームオーバー、右の［NEXT］ボタンを押せばゲームクリアです。

どのように動いているのか、中を見てみましょう。しくみは紙芝居とほとんど同じです。

［ゲームの準備］に［紙芝居］を追加

root1.png、**root2.png**、**root5.png**の画像を、変数**img1**と**img2**、**img5**に読み込みます。また、**replaybtn.png**を変数**replay_img**に読み込んでおきます。

```
## 紙芝居
img1 = pg.image.load("images/root1.png")  —— 選択画面
img2 = pg.image.load("images/root2.png")  —— ゲームオーバー画面
img5 = pg.image.load("images/root5.png")  —— ゲームクリア画面
## ボタン
next_img = pg.image.load("images/nextbtn.png")
replay_img = pg.image.load("images/replaybtn.png")
```

[ページ切り換え関数]を追加

❶選択画面の**page1()**では、背景の画像**img1**の上に、2つの**next_img**を表示してボタンを2つ作ります。**button_to_jump**関数を呼び出して、**btn1**を押したらゲームオーバーの**2**へジャンプ、**btn2**を押したらゲームクリアの**3**へジャンプさせます。

❷ゲームオーバー画面の**page2()**では、背景の画像**img2**の上に**replay_img**を1つ表示させます。**button_to_jump**関数で、**btn1**を押したら**1**の選択画面へ戻ります。

❸ゲームクリア画面の**page3()**では、背景の画像**img5**の上に**replay_img**を1つ表示させます。**button_to_jump**関数で、**btn1**を押したら**1**の選択画面へ戻ります。

```
def page1():  —— ❶
    # 3.画面を初期化する
    screen.blit(img1, (0,0))
    btn1 = screen.blit(next_img,( 90, 220))
    btn2 = screen.blit(next_img,(590, 220))
    # 5.絵を描いたり、判定したりする
    button_to_jump(btn1, 2)
    button_to_jump(btn2, 3)

def page2():  —— ❷
    # 3.画面を初期化する
    screen.blit(img2, (0,0))
    btn1 = screen.blit(replay_img,(600, 520))
    # 5.絵を描いたり、判定したりする
    button_to_jump(btn1, 1)
```

▶次ページに続きます

```
def page3(): ── ❸
    # 3.画面を初期化する
    screen.blit(img5, (0,0))
    btn1 = screen.blit(replay_img,(600, 520))
    # 5.絵を描いたり、判定したりする
    button_to_jump(btn1, 1)
```

[2. この下をずっとループする]

ページ数は3つなので、ループ内の分岐は3つです。

```
while True:
    if page == 1:
        page1()
    elif page == 2:
        page2()
    elif page == 3:
        page3()
```

この3箇所の修正で、「**進む道を選択する紙芝居プログラム**」ができるのです。

もっと枝分かれして進む

「左か右か」の2択だと単純すぎるので、もうひとつ選択画面を増やしてみましょう。**2回枝分かれするゲーム** です。紙芝居の絵には、2つ目の選択画面（**root3.png**）、2つ目のゲームオーバー（**root4.png**）を追加して5つにします。

最初のページの選択画面では、どちらかのドアがゲームオーバーで、どちらかがさらに選択画面になります。
そこから、どちらかの宝箱を選ぶとゲームオーバーになり、もう一方を選ぶとゲームクリアです。

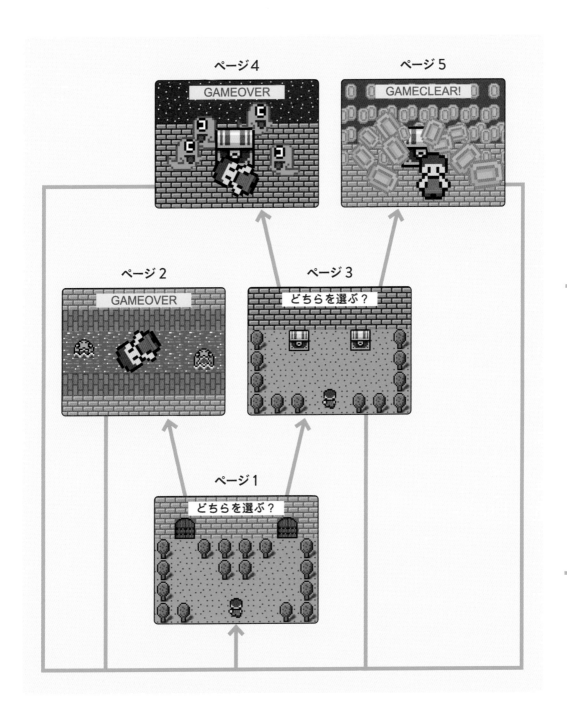

sentaku1.py を修正するだけで『**進む道を選択する紙芝居プログラム（2つの選択版）**』が作れます。修正してみましょう。

[ゲームの準備]の[紙芝居]を修正

root3.pngと**root4.png**の画像を、変数**img3**と**img4**に読み込むように増やします。

📄py プログラムの修正箇所：1（sentaku2.py）

```
# 紙芝居
img1 = pg.image.load("images/root1.png")
img2 = pg.image.load("images/root2.png")
img3 = pg.image.load("images/root3.png")  ── 2つ目の選択画面
img4 = pg.image.load("images/root4.png")  ── 2つ目のゲームオーバー画面
img5 = pg.image.load("images/root5.png")
```

[ページ切り換え関数]を修正

page1()と**page2()**はそのままです。

❹**page3()**は2つ目の選択画面になるので修正しましょう。背景の画像**img3**の上に、2つの**next_img**を表示してボタンを2つ作ります。**button_to_jump**関数で、**btn1**を押したら**4**へジャンプ、**btn2**を押したら**5**へジャンプさせます。

❺2つ目のゲームオーバー画面となる**page4()**は、背景の画像**img4**の上に、**replay_img**を1つ表示させます。**button_to_jump**関数で、**btn1**を押したら**1**へ戻ります。

❻ゲームクリア画面の**page5()**では、背景の画像**img5**の上に、**replay_img**を1つ表示させます。**button_to_jump**関数で、**btn1**を押したら**1**へ戻ります。

📄py プログラムの修正箇所：2（sentaku2.py）

```
def page3():  ── ❹
    # 3.画面を初期化する
    screen.blit(img3, (0,0))
    btn1 = screen.blit(next_img,(190, 320))
    btn2 = screen.blit(next_img,(490, 320))
    # 5.絵を描いたり、判定したりする
    button_to_jump(btn1, 4)
    button_to_jump(btn2, 5)

def page4():  ── ❺
    # 3.画面を初期化する
```

```
    screen.blit(img4, (0,0))
    btn1 = screen.blit(replay_img,(600, 520))
    # 5.絵を描いたり、判定したりする
    button_to_jump(btn1, 1)

def page5(): ── ❻
    # 3.画面を初期化する
    screen.blit(img5, (0,0))
    btn1 = screen.blit(replay_img,(600, 520))
    # 5.絵を描いたり、判定したりする
    button_to_jump(btn1, 1)
```


[2.この下をずっとループする]を修正

ページ数は5つなので、ループ内の分岐を増やします。

py プログラムの修正箇所：3（sentaku2.py）

```
# 2.この下をずっとループする
while True:
    if page == 1:
        page1()
    elif page == 2:
        page2()
    elif page == 3:
        page3()
    elif page == 4:
        page4()
    elif page == 5:
        page5()
```

以上で修正完了です。

出力結果

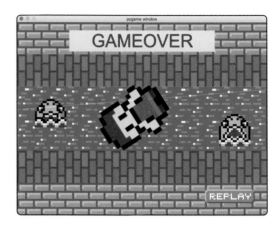

メニュー ［Run → Run Module］で実行してください。
2回枝分かれするゲーム の完成です。

4

衝突判定で
アクションゲーム

アクションゲームを作りましょう。キー操作で主人公を動かします。このとき、壁に衝突すると止まりますし、敵に衝突するとミスになってしまいます。アクションゲームでは「衝突」が重要です。どのように作ればいいか考えていきましょう。

4.1
キャラクタを
上下左右に移動する

プレイヤーを
キー操作で
上下左右に
移動させましょう。

 いろいろなゲームのしくみ を作れるようになりましたね。キャラクタを表示したり、キー操作やマウス操作で動かしたり、画面をページ切り換えすることもできるようになりました。これからは、そのしくみを組み合わせて「**オリジナルなゲーム**」を作っていきましょう。

オリジナルなゲームを作るには「**どんなものを作りたいのかを、しっかり考えること**」が重要です。「あまり考えずに適当に作ったらできてしまったゲーム」では、本当のあなたのゲームとは言えませんからね。

ですから、「**1. 作りたい機能を考える**」「**2. プログラムを作る**」の2段階で進めていこうと思います。

今回作るゲームの最終目標は、「**アクションゲーム**」です。

イメージとしては、「**プレイヤーを上下左右に動かして、敵やワナを避けながら、ゴールへたどり着けば、ゲームクリアできる**」ゲームです。

では、さっそく考えてみましょう。

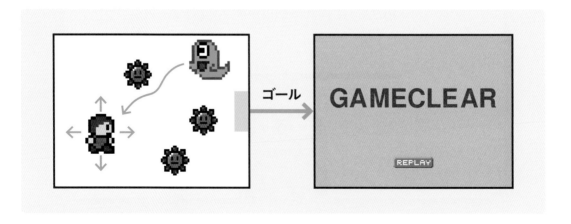

 作りたい機能を考える

まずは、『 **上下左右キーを押すと、プレイヤーが上下左右に動くしくみ** 』から作ってみましょう。
CHAPTER 2の『 **左右キーを押すと、キャラクタが左右に動く** 』（**test22_3.py**）を利用できそ
うです。このしくみは、紙芝居のように「**ゲームステージ関数**」を用意してその中に作っていきたい
と思います。あとでページ切り換えをしやすくするために、このゲームステージ関数の中で「上下左右
キーで上下左右に動く機能」を作ったり、「障害物」を表示させたりします。

いずれページを切り換えする予定のゲームなので、プログラム全体の流れとしては、以下のように作
ります。

ゲームの流れ図

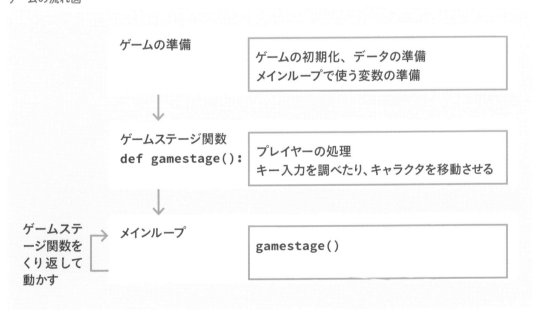

プログラムを作る

作りたい機能が見えてきたら、そのプログラムを作りましょう。
「ゲームの準備」「ゲームステージ関数」「メインループ」の3段階で、以下の【入力プログラム：1〜3】を順番に作っていきます。

［ゲームの準備］

これからゲームプログラムの作り方を解説していきます。解説したしくみはすぐ後ろのプログラムに反映されています。解説とプログラムを見比べながら理解していきましょう。

まず❶［ゲームの準備］の中でゲームの初期化やデータの初期化を行いましょう。

次に❷［プレイヤーデータ］を用意します。プレイヤーの右向きの画像を`myimgR`に読み込み、左右反転で左向きの画像を作って`myimgL`に入れておきます。プレイヤー画像の位置と大きさは`myrect`に設定します。さらに❸［障害物データ］も用意します。障害物の位置と大きさも決めておきましょう。`boxrect`に設定します。

❹「プレイヤーが右を向いているかどうか」を調べるフラグが`rightFlag`です。メインループの中で使うので、関数の外に作っておきましょう。

📄 py 入力プログラム：1（`action1.py`）

```python
# 1.ゲームの準備をする ── ❶
import pygame as pg, sys
pg.init()
screen = pg.display.set_mode((800, 600))
## プレイヤーデータ ── ❷
myimgR = pg.image.load("images/playerR.png")
myimgR = pg.transform.scale(myimgR, (40, 50))
myimgL = pg.transform.flip(myimgR, True, False)
myrect = pg.Rect(50,200,40,50)
## 障害物データ ── ❸
boxrect = pg.Rect(300,200,100,100)
## メインループで使う変数 ── ❹
rightFlag = True
```

次は、ゲームステージ関数を作りましょう。

まず、❺関数の外の**rightFlag**をこの関数の中で使うので、**global**指定をします。

❻［画面を初期化］したら、❼［ユーザーからの入力］を調べます。その後❽キー入力を調べて、左右キーを押していたら移動量を**vx**に設定します。右なら**4**、左なら**-4**です。このとき、右向きか左向きかを**rightFlag**にも設定しておきます。さらに、上下キーも同じように調べて移動量を**vy**に設定しましょう。上なら**-4**、下なら**4**です。

そして❾［プレイヤーの処理］を行います。移動量**vx**、**vy**を、プレイヤーの今の位置**myrect.x**、**myrect.y**に足せば、プレイヤーを上下左右に移動できるようになります。

❿表示するキャラクタの画像は、**rightFlag**を調べて、**True**なら右向き、**False**なら左向きに切り換えます。

⓫［障害物の処理］も行いましょう。障害物は、深緑色（**DARKGREEN**）で描画します。

py 入力プログラム：2（`action1.py`）

```python
## ゲームステージ
def gamestage():
    global rightFlag ── ❺
    # 3.画面を初期化する ── ❻
    screen.fill(pg.Color("DEEPSKYBLUE"))
    vx = 0
    vy = 0
    # 4.ユーザーからの入力を調べる ── ❼
    key = pg.key.get_pressed()
    # 5.絵を描いたり、判定したりする ── ❽
    if key[pg.K_RIGHT]:
        vx = 4
        rightFlag = True
    if key[pg.K_LEFT]:
        vx = -4
        rightFlag = False
    if key[pg.K_UP]:
        vy = -4
    if key[pg.K_DOWN]:
        vy = 4
```

▶次ページに続きます

```
## プレイヤーの処理 ── ❾
myrect.x += vx  ── 複合代入演算子についてはP.191で説明
myrect.y += vy
if rightFlag:  ── ❿
    screen.blit(myimgR, myrect)
else:
    screen.blit(myimgL, myrect)
## 障害物の処理 ── ⓫
pg.draw.rect(screen, pg.Color("DARKGREEN"), boxrect)
```

[メインループ]

最後に、⓬メインループで、ゲームステージ関数を呼び出して動かしましょう。

⓭［画面を表示する］処理を行います。関数の中では「画面を作るところまで」しか行っていないので、**update関数** でそれを画面に表示させます。さらに ⓮「閉じるボタンが押されていないか」もチェックしておきましょう。

これでできあがりです。

py 入力プログラム：3（action1.py）

```
# 2.この下をずっとループする
while True:
    gamestage()  ── ⓬
    # 6.画面を表示する ── ⓭
    pg.display.update()
    pg.time.Clock().tick(60)
    # 7.閉じるボタンが押されたら、終了する ── ⓮
    for event in pg.event.get():
        if event.type == pg.QUIT:
            pg.quit()
            sys.exit()
```

📄 出力結果

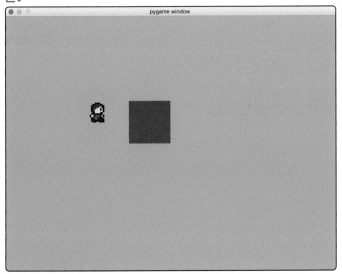

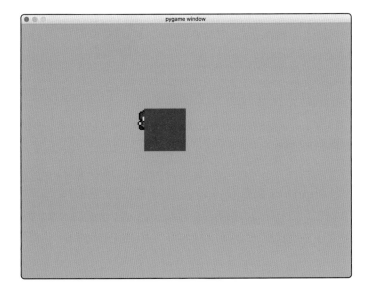

メニュー［Run→Run Module］で実行してください。

［上下左右］キーを押しましょう。プレイヤーが上下左右に動きました！
いい感じです。ですが、障害物に向かって進んでみると……おや？
プレイヤーが障害物の中にめり込んでしまいますね。

CHAPTER

4.2
他のRectとの衝突判定

> プレイヤーが
> 何かと
> 衝突したかを
> 調べましょう。

作りたい機能を考える

プレイヤーが障害物にめり込んだのは、今のプログラムでは当然なんです。

それぞれ、指定された位置に表示しているだけ ですから、**重なった位置に表示する** のは、プログラムされた正しい動作です。**プレイヤーが障害物にめり込まないようにする** には、2つの絵が衝突したかを調べる「衝突判定」が必要になるんですよ。

「衝突判定」は、ゲームではとても重要です。「**プレイヤーが敵と衝突したか**」や、「**プレイヤーがゴールに到着したか**」、「**プレイヤーがアイテムをゲットできたか**」など、ゲームではたくさん出てきます。

pygameには、衝突判定を行う「**collisionrect関数**（コリジョンレクト関数）」があります。難しそうな名前ですが、行っていることは単純です。「**2つの四角形が重なっていないかを調べる**」だけです。「重なっていれば衝突した」「重なっていなければ衝突していない」というわけです。

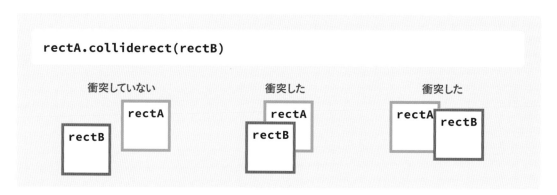

2つの四角形を調べるので、**2つのRect** を使います。

2つのRectが衝突しているかを調べる

変数（衝突したか、していないか？）= rectA.colliderect(rectB)

この **collisionrect関数** を使って、「**プレイヤーを障害物にめり込ませない**」ようにするにはどうすればいいでしょうか？
プレイヤーは、「プレイヤーの位置に**vx、vy**を足して移動」しています。「**もし、vx、vyを足して衝突したのなら、vx、vyを引いて戻せば**」いいのです。先に衝突するかを調べて、位置を決めてからプレイヤーの画像を表示すれば障害物にめり込むことはなくなります。

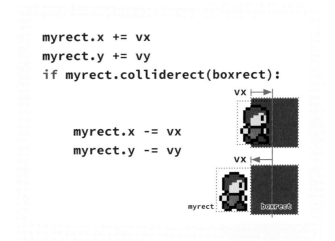

```
myrect.x += vx
myrect.y += vy
if myrect.colliderect(boxrect):

    myrect.x -= vx
    myrect.y -= vy
```

衝突判定 は、「**ゲームステージ関数**」の中で行います。プログラム全体の流れでいうと、以下「ゲームの流れ図」の赤字のところですから、ここだけを修正しましょう。

ゲームの流れ図

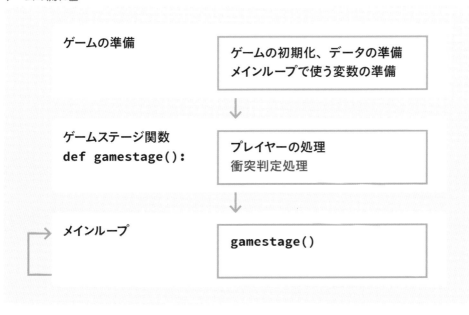

プログラムを修正する

action1.pyをコピーして、**action2.py**を作り、これを修正しましょう。

自信のある人は、**action1.py**をそのまま修正してもかまいません。ただし、初心者のうちは、うっかり間違って書き換えてしまって、「さっきまで動いていたのに、動かなくなった。わけがわからなくなった」ということになりがちです。面倒でも、動いていたところまでのプログラムがセーブされていれば、セーブポイントからやり直せますからね。

［ゲームステージ関数］の［プレイヤーの処理］を修正

❶衝突したら戻る処理を追加します。［ゲームステージ］の［プレイヤーの処理］を以下のように修正しましょう。もし進んで衝突したら、進んだ移動量を引いて戻します。

📄 py プログラムの修正箇所 （ **action2.py** ）

```
    ## プレイヤーの処理
    myrect.x += vx
    myrect.y += vy
    if myrect.colliderect(boxrect):  ── ❶
        myrect.x -= vx
        myrect.y -= vy
    if rightFlag:
        screen.blit(myimgR, myrect)
    else:
        screen.blit(myimgL, myrect)
```

📄 出力結果

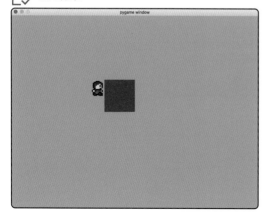 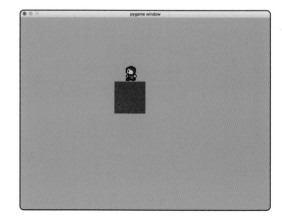

メニュー［Run→Run Module］で実行してください。

［上下左右］キーで進んで、障害物に衝突してみましょう。横からでも、上からでも障害物に衝突するとそれ以上進めなくなりますね。

COLUMN：複合代入演算子（累算代入演算子）

合 計値を求めるときにP.075で「`total = total + value`」と命令したのを覚えているかな。「合計変数に、それまでの合計値＋値を計算して、入れ直す」という命令だ。プログラムでは、この「**変数に演算を行って、入れ直す**」という処理がよく出てくる。そこで、略して書ける「**+=**」や「**-=**」という記号ができた。これを「**複合代入演算子（または、累算代入演算子）**」というぞ。

「`total = total + value`」は「**+=**」を使って「`total += value`」と略せるのだ。

P.190の［プレイヤーの処理］でも「`myrect.x += vx`」や「`myrect.x -= vy`」と使われているだろう。「キャラクタの**x**座標に**vx**を足す（引く）計算をして、キャラクタの**x**座標に入れ直す」ことで移動させるという命令だ。

記号を読みにくいときは「**+=**（足すのは）」「**-=**（引くのは）」と覚えよう。

「`myrect.x += vx`」は「**myrect.x**に足すのは、**vx**」、「`myrect.x -= vx`」は「**myrect.x**から引くのは、**vx**」だと思えば、読みやすくなるぞ。

4

衝突判定でアクションゲーム

プレイヤーが
たくさんの
何かと
衝突したかを
調べましょう。

複数のRectとの
衝突判定

 作りたい機能を考える

次は1つだった障害物を4つに増やしてス
テージの上下左右に置きましょう。
すると、これまではすり抜けられていた画
面の端に**ゲームステージの壁**を作るこ
とができます。

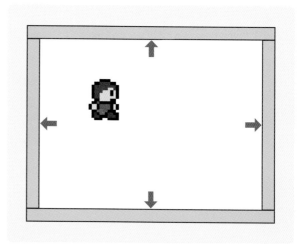

壁が4つなので、**collisionrect**関数を4回くり返してもいいのですが、こういうときは
「**collidelist関数**」を使うのが便利です。複数の壁の**Rect**をリストに入れておいて、「**このリ
ストの中のどれかと衝突しているだろうか**」と、1回で調べることができるのです。
ただし返ってくる値は、「衝突したか、していないか」ではなく、「**何番目と衝突したか?**」なので
注意しましょう。「**どれとも衝突していないとき**」は、「**-1**」が返ってきます。逆にいうと、返ってき
た値が「**-1**」でないなら「**どれかと衝突している**」とわかります。

rectAが、リストの中のどれかのrectと衝突しているか調べる

変数（何番目と衝突したか??）= **rectA.collidelist(リスト)**

4つの壁のデータを作って、壁との衝突判定を行うので、「**データの準備**」と「**ゲームステージ関数**」を修正します。

ゲームの流れ図

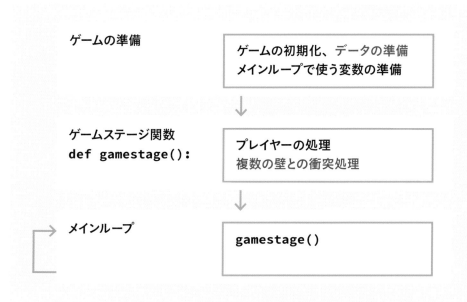

ゲームの準備 → ゲームの初期化、データの準備 メインループで使う変数の準備

ゲームステージ関数 def gamestage(): → プレイヤーの処理 複数の壁との衝突処理

メインループ → gamestage()

プログラムを修正する

action2.pyをコピーして、**action3.py**を作り、これを修正しましょう。
以下の【プログラムの修正箇所：1〜2】を順番に修正&追加していきます。

[ゲームの準備] に [壁データ] を追加

まず、❶4つの壁の位置と大きさをリストに入れておきましょう。横800×縦600のステージに、上下左右に20の幅で壁を作ります。
[プレイヤーデータ] の下 に以下のように追加します。

py プログラムの修正箇所：1（action3.py）

```
## 壁データ ── ❶
walls = [pg.Rect(0,0,800,20),
         pg.Rect(0,0,20,600),
         pg.Rect(780,0,20,600),
         pg.Rect(0,580,800,20)]
```

▶次ページに続きます

```
## メインループで使う変数
rightFlag = True
```

[ゲームステージ関数] に壁との衝突処理を追加

❷衝突判定は「**myrect.colliderect(boxrect)**」を「**myrect.collidelist(walls)**」に変更します。「**-1**でないなら、どれかと衝突している」とわかるので、**if**文の判断は「**!= -1**」に変更します。

❸ [障害物の処理] を削除して、[壁の処理] を追加しましょう。4つの壁を描画するので**for**文を使います。リストの中身をくり返し**draw.rect**で四角形を描けば、4つの壁が描画されます。

📄py プログラムの修正箇所：2（`action3.py`）

```
## プレイヤーの処理
myrect.x += vx
myrect.y += vy
if myrect.collidelist(walls) != -1: ── ❷
    myrect.x -= vx
    myrect.y -= vy
if rightFlag:
    screen.blit(myimgR, myrect)
else:
    screen.blit(myimgL, myrect)
## 壁の処理 ── ❸
for wall in walls:
    pg.draw.rect(screen, pg.Color("DARKGREEN"), wall)
```

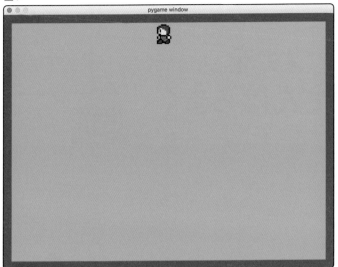

メニュー［Run→Run Module］で実行してください。

ステージに壁ができました。これでゲームステージの上下左右、どこからも外に出ることができ

きなくなりましたよ。

CHAPTER
4.4
ワナを
たくさんばらまく

画面に
たくさんの
ワナを
ばらまきましょう。

 作りたい機能を考える

プレイヤーと壁ができたので、今度はワナを作りましょう。

ワナの画像に使うのは **uni.png** です。これをステージ内にばらまきます。

ただし、**完全なランダム** でばらまいてしまうと、ワナに取り囲まれて**絶対進めない無理ゲー** になってしまうことがあります。

完全なランダムにしてしまえば、プログラマーはとても楽ができますが「**ゲームとして本当にそれでいいのか?**」を考えることは重要です。

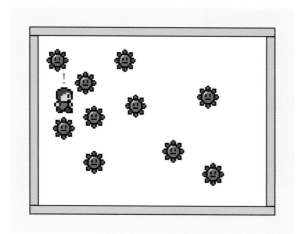

キャラクタが通り抜けられるよう、適度に隙間を作りましょう。例えば、プレイヤーの少し右（150ぐらい）から、横方向に一定間隔に配置するとします。そうすれば、適度に隙間が空いて進めそうです。その上で、縦方向はランダムにすれば、毎回違うステージを作れそうです。

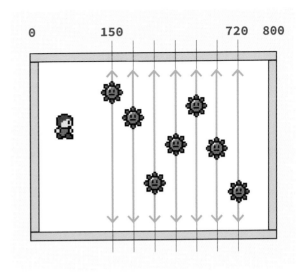

プログラムを修正する

action3.pyをコピーして**action4.py**を作り、これを修正しましょう。
以下の【プログラムの修正箇所：1〜3】を順番に修正＆追加していきます。

[ゲームの準備] でrandomをインポート

まず、❶ワナのばらまきにランダムを使うので、**random**をインポートします。
[1. ゲームの準備をする] の下 に以下のように追加します。

> py プログラムの修正箇所：1（ `action4.py` ）

```
# 1.ゲームの準備をする
import pygame as pg, sys
import random ── ❶
```

［ゲームの準備］に［ワナデータ］を追加

［壁データ］の下に❷［ワナデータ］を追加しましょう。ワナの画像を**trapimg**に読み込んで、30×30にリサイズして小さくしておきます。

ワナの位置データも作ります。最初、❸**traps=[]**と命令して空っぽのリストを作っておき、ここに追加していきます。❹**for**文を使って20個作りましょう。横位置（**wx**）は「プレイヤーの少し右（150）から、30きざみで一定間隔に」、縦位置（**wy**）は「20〜550のランダムに」します。これを**traps**に追加します。リストに値を追加するのが、**append関数**です。**リスト.append(値)**と命令して値を追加します。

空っぽのリストを作る

リスト名 = []

リストに値を追加する

リスト名.append(値)

📄py プログラムの修正箇所：2（`action4.py`）

```
## ワナデータ
trapimg = pg.image.load("images/uni.png") ── ❷
trapimg = pg.transform.scale(trapimg, (30, 30))
traps = [] ── ❸
for i in range(20): ── ❹
    wx = 150 + i * 30
    wy = random.randint(20,550)
    traps.append(pg.Rect(wx,wy,30,30))
## メインループで使う変数
rightFlag = True
```

［ゲームステージ関数］に［ワナの処理］を追加

ゲームステージの中に［ワナの処理］を追加します。❺ **traps** に入っている位置データを使ってワナをくり返し描画します。

［ゲームステージ］の［壁の処理］の下 に追加します。

📄 **py** プログラムの修正箇所：3（ `action4.py` ）

```
## ワナの処理
for trap in traps: ── ❺
    screen.blit(trapimg, trap)
```

📄✓ 出力結果

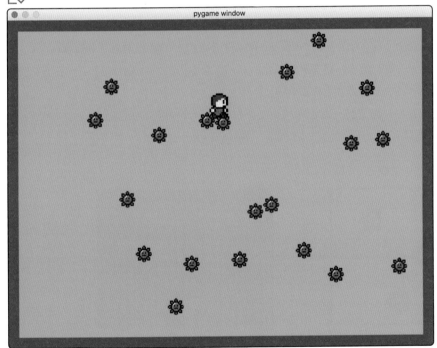

pygame window

🎮 メニュー［Run→Run Module］で実行してください。

いい感じでワナをばらまくことができました。しかし、ワナに触れてもなにも起こりません。

壁のときと同じで、まだ **ワナとの衝突判定** をしていないからですね。

4.5
ワナと衝突したら、ゲームオーバー

ばらまかれた
ワナと
衝突したら
ゲーム
オーバーです。

作りたい機能を考える

ワナとの衝突判定 をしましょう。たくさんの衝突判定を行うので **collidelist 関数** を使います。
このとき、「**衝突したあとどうなるか?**」まで考える必要があります。「**ワナは触れても被害はなく、ただ邪魔なだけ**」なのか「**触れたら一発でゲームオーバーになる**」のか「**触れるとハートが少し減る**」のか、いろいろなパターンが考えられますね。
今回は単純に「**触れたら一発でゲームオーバーになる**」という仕様にしましょう。と、いうことはゲームオーバー画面も必要になります。

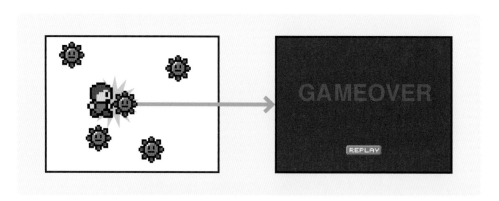

ワナとの衝突判定は「**ゲームステージ関数**」を修正します。
「**ゲームオーバー画面関数**」が必要になるので作り、「**メインループ**」から切り換えるようにします。
何度でも最初から遊べるようにするには「**ゲームリセット関数**」も必要になりますね。
ゲームオーバー画面で「REPLAY」ボタンを置きたいので、「**ゲームの準備**」で、ボタン画像を準備します。**page** 変数も初期化しましょう。「**ボタンを押したら page を切り換える関数**」も必要ですね。修正箇所がたくさんあります。

ゲームの流れ図

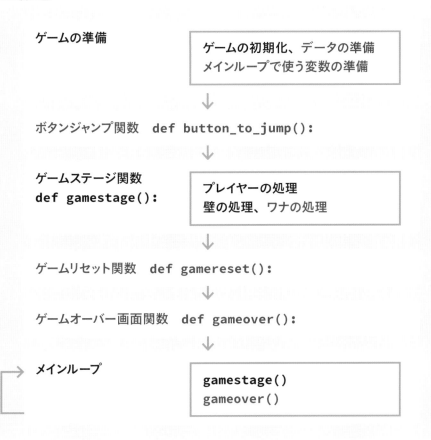

ゲームの準備 — ゲームの初期化、データの準備 メインループで使う変数の準備

ボタンジャンプ関数　def button_to_jump():

ゲームステージ関数
def gamestage(): — プレイヤーの処理 壁の処理、ワナの処理

ゲームリセット関数　def gamereset():

ゲームオーバー画面関数　def gameover():

メインループ — gamestage() gameover()

4

衝突判定でアクションゲーム

 プログラムを修正する

action4.pyをコピーして、**action5.py**を作り、これを修正しましょう。
以下の【プログラムの修正箇所：1〜5】を順番に修正＆追加していきます。

［ボタンデータ］と［ボタンジャンプ関数］を追加

まず❶［ボタンデータ］を追加します。ゲームオーバー画面で使うリプレイボタンの画像を**replay_img**に読み込んでおきます。❷［**メインループで使う変数**］も追加しましょう。「ボタンはもう押しましたFlag」の**pushFlag**を**False**にして、ページ番号変数**page**を**1**に初期化します。❸［**btnを押したら、newpageにジャンプする**］関数の、**button_to_jump関数**も追加します。
［ワナデータ］の下にP.202【プログラムの修正箇所：1】のように追加してください。

201

プログラムの修正箇所：1（`action5.py`）

```python
## ボタンデータ —— ❶
replay_img = pg.image.load("images/replaybtn.png")
## メインループで使う変数
rightFlag = True
pushFlag = False —— ❷
page = 1


## btnを押したら、newpageにジャンプする —— ❸
def button_to_jump(btn, newpage):
    global page, pushFlag
    # 4.ユーザーからの入力を調べる
    mdown = pg.mouse.get_pressed()
    (mx, my) = pg.mouse.get_pos()
    if mdown[0]:
        if btn.collidepoint(mx, my) and pushFlag == False:
            pg.mixer.Sound("sounds/pi.wav").play()
            page = newpage
            pushFlag = True
    else:
        pushFlag = False
```

[ゲームステージ関数] の [3. 画面を初期化する] を修正

❹ゲームステージ関数の中から、関数の外の**page**を書き換えるので、**global**にします。
[ゲームステージ] の [3.画面を初期化する] を修正します。

プログラムの修正箇所：2（`action5.py`）

```python
def gamestage():
    # 3.画面を初期化する
    global rightFlag
    global page —— ❹
```

［ゲームステージ関数］の［ワナの処理］を修正

ゲームステージ関数の［ワナの処理］を、❺衝突判定ができるように修正します。

プレイヤーがワナのどれかに触れたかを調べましょう。

「**myrect.collidelist(traps)**」が**-1**でなければ、ワナに触れたということです。ワナに触れた場合は**page**を**2**にしてゲームオーバーに切り換えます。

せっかくなので、このとき「ミスした音」を鳴らすように変更しましょう。

ダウンロードサイト（https://book.mynavi.jp/supportsite/detail/9784839973568.html）から、サンプルサウンド「sounds」フォルダをダウンロードしてコピーしてください。この中の残念サウンド（**down.wav**）を鳴らしたいと思います。

効果音ファイルを鳴らすには **mixer.Sound**関数を使うと便利です。例えばこの場合、「**pg.mixer.Sound("sounds/down.wav").play()**」と命令するだけでいいのです。画像ファイルを読み込むときと同じように、**そのプログラムファイルから見てどこにあるか（ファイルパス）**を指定します。

※実は、先ほどの**button_to_jump**関数にも、すでに **mixer.Sound**関数 を追加していました。ボタンを押したときにピッと音が鳴るように「**pg.mixer.Sound("sounds/pi.wav").play()**」を追加しています。

効果音を鳴らす

```
pg.mixer.Sound("サウンドファイルパス").play()
```

［ゲームステージ］の［ワナの処理］を以下のように修正しましょう。

📄py プログラムの修正箇所：3（**action5.py**）

```
## ワナの処理
for trap in traps:
    screen.blit(trapimg, trap)
if myrect.collidelist(traps) != -1:  —— ❺
    pg.mixer.Sound("sounds/down.wav").play()
    page = 2
```

［ゲームリセット関数］と［ゲームオーバー画面関数］を追加

何度でも遊べるようにデータのリセットをする❻「gamereset関数」とゲームオーバー画面を表示する❼「gameover関数」を追加しましょう。

ゲームオーバーになるということは、プレイヤーとワナが衝突した状態なので、このままリプレイすると再び衝突してゲームオーバーになってしまいます。そのため、gamereset関数でプレイヤーの位置を左端に移動させてリセットし、衝突しないようにします。また、ワナもランダムに再配置して、少し違ったゲーム画面で遊べるようにします。

gameover関数では、まずこの❽gamereset関数を実行します。その後、背景を紺色（NAVY）で塗りつぶして❾「GAMEOVER」という文字を表示したり、❿replay_imgをボタンとして描画し、⓫押したらpageを1にしてゲームステージに戻すようにします。

［ゲームステージ］の下 に追加してください。

プログラムの修正箇所：4（action5.py）

```python
## データのリセット ── ❻
def gamereset() :
    myrect.x = 50
    myrect.y = 100
    for d in range(20):
        traps[d].x = 150 + d * 30
        traps[d].y = random.randint(20,550)


## ゲームオーバー ── ❼
def gameover():
    gamereset() ── ❽
    screen.fill(pg.Color("NAVY"))
    font = pg.font.Font(None, 150)
    text = font.render("GAMEOVER", True, pg.Color("RED")) ── ❾
    screen.blit(text, (100,200))
    btn1 = screen.blit(replay_img,(320, 480)) ── ❿
    # 5.絵を描いたり、判定したりする
    button_to_jump(btn1, 1) ── ⓫
```

［メインループ］を修正

最後にメインループを修正します。**⓬ page**変数を見て、**gamestage()**か、**gameover()**かを切り換えます。

［2. この下をずっとループする］を修正しましょう。この5箇所の修正で完成です。

📄 py プログラムの修正箇所：5（ **action5.py** ）

```python
# 2.この下をずっとループする
while True:
    if page == 1:  # ⓬
        gamestage()
    elif page == 2:
        gameover()
    # 6.画面を表示する
```

📄 出力結果

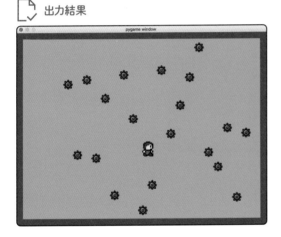

メニュー［Run→Run Module］で実行してください。

［上下左右］キーを押して進んでみましょう。ワナに触れるとゲームオーバーです。

［REPLAY］ボタンをマウスで押すとまた遊べます。リセットがかかるのでワナの配置が変わりますよ。

CHAPTER

4.6
ゴールと衝突したら、
ゲームクリア

> ワナと
> 衝突せずに
> ゴールに
> たどりつければ
> ゲームクリアです。

作りたい機能を考える

このままではワナしか存在せず終わりがないゲームなので、プレイヤーの初期位置と反対側の右端に
ゴールを作りましょう。ゲームクリア画面も必要ですね。

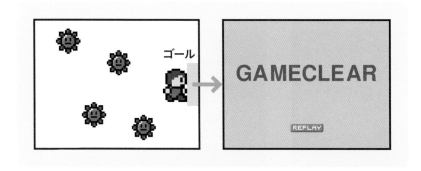

「ゲームの準備」で、ゴールのデータを作り、「**ゲームステージ関数**」にゴールの処理を追加します。

「**ゲームクリア画面関数**」を追加して、「**メインループ**」で切り換えられるように修正します。

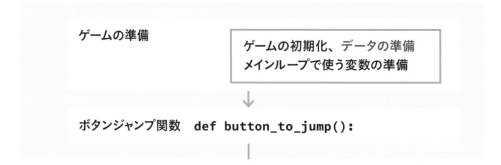

ゲームの準備 → ゲームの初期化、データの準備
メインループで使う変数の準備

↓

ボタンジャンプ関数 `def button_to_jump():`

ゲームステージ関数
def gamestage():

```
プレイヤー、壁の処理
ワナの処理、ゴールの処理
```

↓

ゲームリセット関数　def gamereset():

↓

ゲームオーバー画面関数　def gameover():

↓

ゲームクリア画面関数　def gameclear():

↓

メインループ

```
gamestage()
gameover()、gameclear()
```

🎮 プログラムを修正する

action5.pyをコピーして、**action6.py**を作り、これを修正しましょう。
以下の【**プログラムの修正箇所：1〜4**】を順番に修正&追加していきます。

［ボタンデータ］を修正

［ボタンデータ］の下にゴールデータを追加しましょう。❶画面右側に表示するゴールの位置と大きさを**goalrect**に入れます。

📄py　プログラムの修正箇所：1（**action6.py**）

```
## ボタンデータ
replay_img = pg.image.load("images/replaybtn.png")
goalrect = pg.Rect(750,250,30,100) ── ❶
```

[ゲームステージ関数] に [ゴールの処理] を追加

❷[ゴールの処理] を追加します。❸「ゴールにたどり着いたかどうか」は、「**myrect.colliderect (goalrect)**」で判断できます。プレイヤーがゴールに触れたら**page**を**3**にして、ゲームクリアに切り換えましょう。クリアできたらうれしいサウンド（**up.wav**）を鳴らします。

[ゲームステージ] の [ワナの処理] の下 に [ゴールの処理] を追加します。

📄py プログラムの修正箇所：2（**action6.py**）

```
## ゴールの処理 ── ❷
pg.draw.rect(screen, pg.Color("GOLD"), goalrect)
if myrect.colliderect(goalrect): ── ❸
    pg.mixer.Sound("sounds/up.wav").play()
    page = 3
```

[ゲームクリア画面関数] を追加

ゲームクリア画面を表示する ❹「**gameclear**関数」を追加しましょう。

gameclear関数 の中でも、**gamereset**関数 を実行してデータをリセットしておきます。背景を金色（**GOLD**）で塗りつぶして「GAMECLEAR」という文字を表示する他、**replay_img**をボタンとして描画して、押したら**page**を**1**にしてゲームステージに戻すようにします。

[ゲームオーバー] の下に追加してください。

📄py プログラムの修正箇所：3（**action6.py**）

```
## ゲームクリア
def gameclear(): ── ❹
    gamereset()
    screen.fill(pg.Color("GOLD"))
    font = pg.font.Font(None, 150)
    text = font.render("GAMECLEAR", True, pg.Color("RED"))
    screen.blit(text, (60, 200))
    btn1 = screen.blit(replay_img,(320, 480))
    # 5.絵を描いたり、判定したりする
    button_to_jump(btn1, 1)
```

［メインループ］を修正

最後にメインループを修正します。❺**page**変数を見て、**gamestage()**か**gameover()**か**gameclear()**かを切り換えます。

［2.この下をずっとループする］を修正しましょう。この4箇所の修正で完成です。

📄 プログラムの修正箇所：4（`action6.py`）

```python
# 2.この下をずっとループする
while True:
    if page == 1:        # ❺
        gamestage()
    elif page == 2:
        gameover()
    elif page == 3:
        gameclear()
    # 6.画面を表示する
```

✅ 出力結果

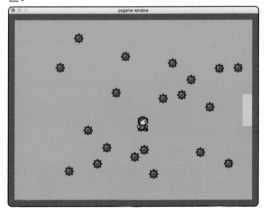

 メニュー［Run→Run Module］で実行してください。

［上下左右］キーを押して進んでみましょう。右端の黄色い四角がゴールです。

ワナに触れないようにゴールを目指しましょう！

4.7

追いかけてくる
オバケ登場！

追いかけてくる
オバケを
作りましょう。
オバケと衝突すると
ゲームオーバーです。

作りたい機能を考える

ワナをくぐり抜けてゴールへ進むゲームになりまし
たが、ゆっくり進めばクリアできる簡単なゲームで
すね。

「**追いかけてくるオバケ**」を登場させて、のんびりし
ていられないゲームにしましょう。

「**追いかける**」にはいろいろな方法がありますが、単
純なものは「プレイヤーの方向へ向かって、少しず
つ進んでくる」という方法があります。プレイヤーの
位置とオバケの位置を比べて、オバケよりプレイ
ヤーが右にいたらオバケを右に、そうでなければオ
バケを左に移動させるだけです。上下も同じように
移動させます。

このとき、たくさん移動させるとすぐに追いつかれて
しまいますから、「少しだけ移動させる」のがポイン
トです。

また、「オバケの絵の向き」は、オバケの左右の移
動量を利用します。移動量が0より大きければ、右
へ向かっているので右向き、そうでなければ左向き
のオバケを描画します。

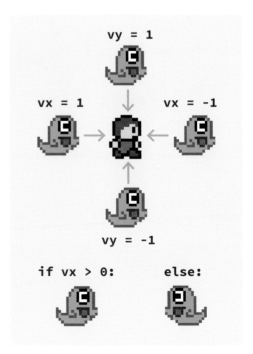

「**ゲームの準備**」で、オバケのデータを作り、「**ゲームステージ関数**」に敵（オバケ）の処理を追加します。ゲームオーバー画面はすでにあるので、「**プレイヤーとオバケが衝突したら、pageを2にする**」で作ることができます。オバケの画像は**obake.png**を使いましょう。

ゲームの流れ図

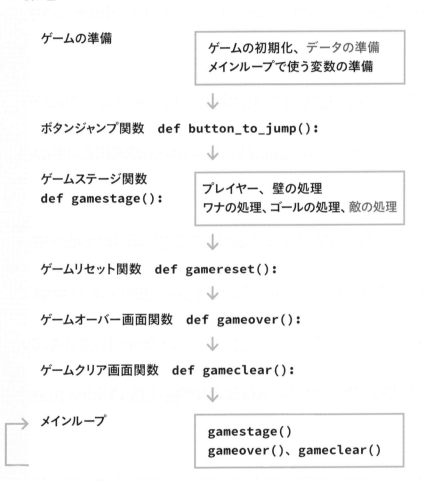

プログラムを修正する

action6.pyをコピーして**action7.py**を作り、これを修正しましょう。
以下の【**プログラムの修正箇所：1～2**】を順番に修正＆追加していきます。

[ゲームの準備] に [オバケデータ] を追加

まず [オバケデータ] を追加します。❶オバケの右向きの画像を**enemyimgR**に読み込み、❷50×50

にリサイズします。❸左右反転で左向きの画像を作って**enemyimgL**に入れます。❹オバケ画像の位置と大きさは**enemyrect**に入れておきます。［ボタンデータ］の下に追加しましょう。

📄py プログラムの修正箇所：1（`action7.py`）

```
## オバケデータ
enemyimgR = pg.image.load("images/obake.png") ── ❶
enemyimgR = pg.transform.scale(enemyimgR, (50, 50)) ── ❷
enemyimgL = pg.transform.flip(enemyimgR, True, False) ── ❸
enemyrect = pg.Rect(650,200,50,50) ── ❹
```

［ゲームステージ関数］に［オバケの処理］を追加

［オバケの処理］を追加します。❺オバケの移動量**ovx**、**ovy**を用意し、❻オバケの位置とプレイヤーの位置を比較して、上下左右のどちらに進むかを決めて移動します。**ovx**が**0**より大きく右へ向かっているときは右向き、そうでなければ左向きのオバケを表示します。

❼最後にプレイヤーとオバケの衝突を調べて、衝突したら残念サウンド（**down.wav**）を鳴らしましょう。**page**を**2**に変更してゲームオーバーにします。

［ゴールの処理］の下に追加しましょう。この2箇所の修正で完成です。

📄py プログラムの修正箇所：2（`action7.py`）

```
## オバケの処理
ovx = 0 ── ❺
ovy = 0
if enemyrect.x < myrect.x : ── ❻
    ovx = 1
else:
    ovx = -1
if enemyrect.y < myrect.y :
    ovy = 1
else:
    ovy = -1
enemyrect.x += ovx
enemyrect.y += ovy
if ovx > 0 :
```

```
            screen.blit(enemyimgR, enemyrect)
        else:
            screen.blit(enemyimgL, enemyrect)
        if myrect.colliderect(enemyrect): ── ❼
            pg.mixer.Sound("sounds/down.wav").play()
            page = 2
```

📄✓ 出力結果

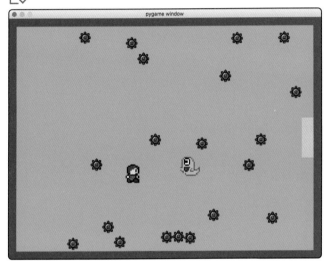

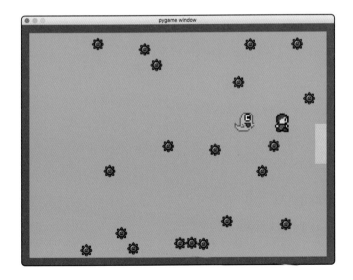

メニュー［Run→Run Module］で実行してください。

さあ、オバケが追いかけてくるので、ゲームらしくなってきましたね。あわてずゴールしましょう!

 完成版プログラム

最後に確認のため、完成版のプログラムを見てみましょう。

こうして見ると、プログラムとしては長いですが、「読める!」と感じませんか？　これまで「プログラムのそれぞれの部分で何をしているのか」を学んできました。それが順番に並んでいるだけなので、理解できる力が身についてきていると思いますよ。

py 完成版プログラム（ `action7.py` ）

```python
# 1.ゲームの準備をする
import pygame as pg, sys
import random
pg.init()
screen = pg.display.set_mode((800, 600))
## プレイヤーデータ
myimgR = pg.image.load("images/playerR.png")
myimgR = pg.transform.scale(myimgR, (40, 50))
myimgL = pg.transform.flip(myimgR, True, False)
myrect = pg.Rect(50,200,40,50)
## 壁データ
walls = [pg.Rect(0,0,800,20),
         pg.Rect(0,0,20,600),
         pg.Rect(780,0,20,600),
         pg.Rect(0,580,800,20)]
## ワナデータ
trapimg = pg.image.load("images/uni.png")
trapimg = pg.transform.scale(trapimg, (30, 30))
traps = []
for i in range(20):
    wx = 150 + i * 30
    wy = random.randint(20,550)
    traps.append(pg.Rect(wx,wy,30,30))
## ボタンデータ
replay_img = pg.image.load("images/replaybtn.png")
goalrect = pg.Rect(750,250,30,100)
```

```
## オバケデータ
enemyimgR = pg.image.load("images/obake.png")
enemyimgR = pg.transform.scale(enemyimgR, (50, 50))
enemyimgL = pg.transform.flip(enemyimgR, True, False)
enemyrect = pg.Rect(650,200,50,50)
## メインループで使う変数
rightFlag = True
pushFlag = False
page = 1


## btnを押したら、newpageにジャンプする
def button_to_jump(btn, newpage):
    global page, pushFlag
    # 4.ユーザーからの入力を調べる
    mdown = pg.mouse.get_pressed()
    (mx, my) = pg.mouse.get_pos()
    if mdown[0]:
        if btn.collidepoint(mx, my) and pushFlag == False:
            pg.mixer.Sound("sounds/pi.wav").play()
            page = newpage
            pushFlag = True
    else:
        pushFlag = False


## ゲームステージ
def gamestage():
    # 3.画面を初期化する
    global rightFlag
    global page
    screen.fill(pg.Color("DEEPSKYBLUE"))
    vx = 0
    vy = 0
    # 4.ユーザーからの入力を調べる
    key = pg.key.get_pressed()
```

▶次ページに続きます

```python
# 5.絵を描いたり、判定したりする
if key[pg.K_RIGHT]:
    vx = 4
    rightFlag = True
if key[pg.K_LEFT]:
    vx = -4
    rightFlag = False
if key[pg.K_UP]:
    vy = -4
if key[pg.K_DOWN]:
    vy = 4
## プレイヤーの処理
myrect.x += vx
myrect.y += vy
if myrect.collidelist(walls) != -1:
    myrect.x -= vx
    myrect.y -= vy
if rightFlag:
    screen.blit(myimgR, myrect)
else:
    screen.blit(myimgL, myrect)
## 壁の処理
for wall in walls:
    pg.draw.rect(screen, pg.Color("DARKGREEN"), wall)
## ワナの処理
for trap in traps:
    screen.blit(trapimg, trap)
if myrect.collidelist(traps) != -1:
    pg.mixer.Sound("sounds/down.wav").play()
    page = 2
## ゴールの処理
pg.draw.rect(screen, pg.Color("GOLD"), goalrect)
if myrect.colliderect(goalrect):
    pg.mixer.Sound("sounds/up.wav").play()
    page = 3
```

```
## オバケの処理
ovx = 0
ovy = 0
if enemyrect.x < myrect.x :
    ovx = 1
else:
    ovx = -1
if enemyrect.y < myrect.y :
    ovy = 1
else:
    ovy = -1
enemyrect.x += ovx
enemyrect.y += ovy
if ovx > 0 :
    screen.blit(enemyimgR, enemyrect)
else:
    screen.blit(enemyimgL, enemyrect)
if myrect.colliderect(enemyrect):
    pg.mixer.Sound("sounds/down.wav").play()
    page = 2


## データのリセット
def gamereset():
    myrect.x = 50
    myrect.y = 100
    for d in range(20):
        traps[d].x = 150 + d * 30
        traps[d].y = random.randint(20,550)
    enemyrect.x = 650
    enemyrect.y = 200


# ゲームオーバー
def gameover():
    gamereset()
```

― オバケの位置も初期化するように追加

▶次ページに続きます

```python
        screen.fill(pg.Color("NAVY"))
        font = pg.font.Font(None, 150)
        text = font.render("GAMEOVER", True, pg.Color("RED"))
        screen.blit(text, (100, 200))
        btn1 = screen.blit(replay_img,(320, 480))
        # 5.絵を描いたり、判定したりする
        button_to_jump(btn1, 1)


# ゲームクリア
def gameclear():
        gamereset()
        screen.fill(pg.Color("GOLD"))
        font = pg.font.Font(None, 150)
        text = font.render("GAMECLEAR", True, pg.Color("RED"))
        screen.blit(text, (60, 200))
        btn1 = screen.blit(replay_img,(320, 480))
        # 5.絵を描いたり、判定したりする
        button_to_jump(btn1, 1)


# 2.この下をずっとループする
while True:
        if page == 1:
                gamestage()
        elif page == 2:
                gameover()
        elif page == 3:
                gameclear()
        # 6.画面を表示する
        pg.display.update()
        pg.time.Clock().tick(60)
        # 7.閉じるボタンが押されたら、終了する
        for event in pg.event.get():
                if event.type == pg.QUIT:
                        pg.quit()
                        sys.exit()
```

5

ボールを反射して
ブロック崩し

今回の目標は「ブロック崩し」です。そのために「動き回るボール」「反射させるバー」「たくさん並んだブロック」など、部品に分けて少しずつ作りながら、完成させていきます。一度にすべてを作るのは大変ですが、できるところから少しずつ作れば、プログラムは作りやすいのです。

CHAPTER
5.1
ボールを
バーで打ち返す

ブロック崩しを
作りましょう。
まずはボールと
打ち返すバーを
作ります。

 今回作るゲームの最終目標は、「**ブロック崩し**」です。イメージとしては、「**ボールをバーで打ち返して、ブロックを消していく**」というゲームです。考えてみましょう。

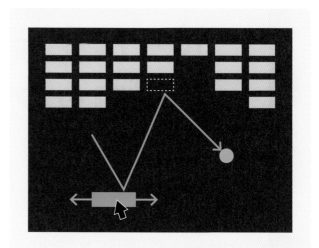

作りたい機能を考える

まず「ブロック」は一旦置いておいて、「**動き回るボール**」と「**反射させるバー**」から作っていきましょう。

「バー」は、すばやくコントロールするため **マウスで操作** する仕様にします。マウスを左右に移動させると、バーがマウスにくっついて左右に移動します。水平に移動させるために、縦方向は固定しておきましょう。

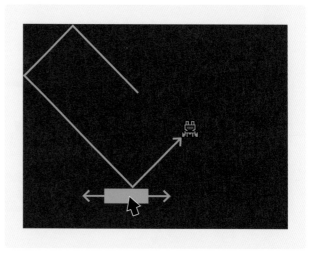

「**ボール**」は自動でずっと動き続けます。進行方向に動き続けてバーに衝突したら反射します。
画面の枠に衝突しても、左右の端や上に衝突しても反射します。ただし、下に落ちたときはゲーム
オーバーにしたいので反射は行わないようにします。

ゲームの流れ図

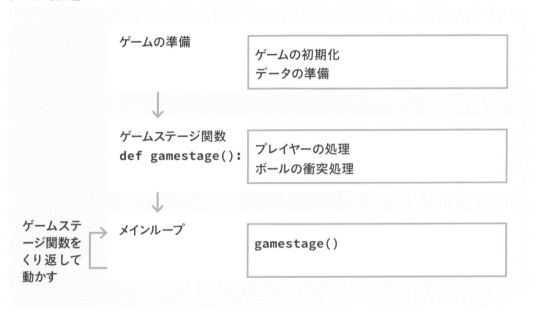

ゲームの準備 → ゲームの初期化 / データの準備

ゲームステージ関数 `def gamestage():` → プレイヤーの処理 / ボールの衝突処理

ゲームステージ関数をくり返して動かす → メインループ → `gamestage()`

プログラムを作る

「ゲームの準備」でバーとボールのデータを準備し、次に「ゲームステージ関数」でバーやボールの
移動をさせます。最後に「メインループ」でゲームステージ関数をくり返します。
以下の【入力プログラム：1〜3】を順番に作っていきましょう。

[ゲームの準備]

[ゲームの準備]の中で[バーデータ]を用意します。❶バーの最初の位置とサイズは、画面中央
の下**(400，500)** の位置に、幅100、高さ20の横長にします。

次に［ボールデータ］を用意します。ボールは円を描いてもいいのですが、
せっかくなのでボクがボール代わりに登場してあげましょう。使用する画像
は**kaeru.png**です。

この画像を❷**ballimg**に読み込み、少し小さく（**30，30**）しておきます。
❸ボールの最初の位置は、画面中央のバーより少し上（**400，450**）にし
て、**ballrect**に入れておきます。

ボールはずっと自動で動き続けるので、❹バーに当たる前の最初の移動量を決めておきましょう。左右の移動量 **vx** は、-10〜10 でランダムにします。上下の移動量 **vy** は、ゲームがスタートしてすぐに落下してきたら打ち返せませんから、-5 にしてまず上に進むようにしておきます。

📄 py　入力プログラム：1（`block1.py`）

```python
# 1.ゲームの準備をする
import pygame as pg, sys
import random
pg.init()
screen = pg.display.set_mode((800, 600))
## バーデータ
barrect = pg.Rect(400, 500, 100, 20) —— ❶
## ボールデータ
ballimg = pg.image.load("images/kaeru.png") —— ❷
ballimg = pg.transform.scale(ballimg, (30, 30))
ballrect = pg.Rect(400, 450, 30, 30) —— ❸
vx = random.randint(-10,10) —— ❹
vy = -5
```

［ゲームステージ関数］

ゲームステージは、まず［3. 画面を初期化する］で❺背景を紺色（**NAVY**）に塗っておきます。バーはマウスで操作できるようにしましょう。［ユーザーからの入力］で❻マウスの位置を調べて、［バーの処理］で❼バーを表示します。

このとき、取得したマウスの X 座標からバーを描き始めると、バーがマウスの右側に描画されてしまいます。バーの幅が 100 なので、マウスの X 座標から 50 を引いた位置から描き始めると、マウスがバーの中心になり、つかんで移動させている感じがでます。バーの色は、水色（**CYAN**）で描画します。

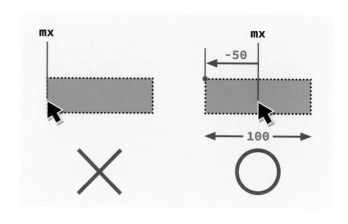

次に［**ボールの処理**］を行います。

ボールは画面の上や左右から出ないようにしましょう。

もし、❽ボールのＹ座標が０より小さければ、ボールが画面の上に出ようとしていることを意味します。そのときは**vy**をマイナスにして下に反射させます。❾もしＸ座標が０より小さいか、800 - ボールの大きさ（30）より大きければ、画面の左右から出ようとしているので、**vx**をマイナスにして内側に反射させます。

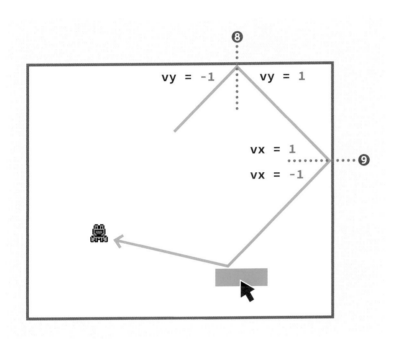

さらに❿ボールとバーの衝突を調べます。ボールとバーが衝突したときには、画面の枠と同じように反射させればいいのですが、それって**ゲームとして本当にいいのでしょうか？**

「同じ角度で反射するだけ」だと、単純で退屈なゲームになってしまいます。「**プレイヤーがコントロールできるしくみ**」を組み込めないか考えましょう。いろいろ考えられますが、今回は「**バーのどこに衝突したかで反射の向きが変わる**」ようにしてみます。

衝突した場所が、バーの真ん中だったら真上（**vx=0**）に反射し、右側だったら右方向（**vx=プラス**）、左側だったら左方向（**vx=マイナス**）に反射するようにすれば、ボールの向きをコントロールできます。さらに、「真ん中より離れるほど、より強く左右へ反射する」ようにすれば、練習して上達したくなるゲームになりますよ。

❶「**どこに衝突したか**」は、ボールとバーの中心のＸ座標で調べることができます。バーは幅100なので「Ｘ座標に50足した位置」、ボールは幅30なので「Ｘ座標に15足した位置」がそれぞれの中心のＸ座標です。

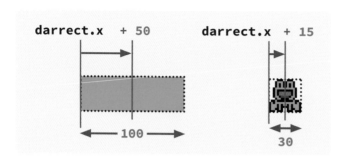

「ボールのＸ座標 − バーのＸ座標」で、ボールがバーの右に衝突するほどプラス、バーの左に衝突するほどマイナスの値になります。ただし、その値そのままだと極端になりすぎるので4で割っています。

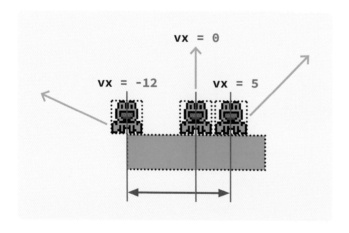

❷上方向へのスピードは**-10〜-5**でランダムにして、**vy**に入れます。

これで、**バーのどこに衝突したかで反射の向きが変わるしかけ**ができましたが、さらに、❸反射したときはピッというサウンド（**pi.wav**）を鳴らしましょう。これで操作している感がアップします。

❹最後に移動量を足して、ボールを移動させます。

📄py 入力プログラム：2（**block1.py**）

```
## ゲームステージ
def gamestage():
    # 3.画面を初期化する
    global vx, vy
```

```
    screen.fill(pg.Color("NAVY")) ── ❺
    # 4.ユーザーからの入力を調べる
    (mx, my) = pg.mouse.get_pos() ── ❻
    # 5.絵を描いたり、判定したりする
    ## バーの処理
    barrect.x = mx - 50 ── ❼
    pg.draw.rect(screen, pg.Color("CYAN"), barrect)
    ## ボールの処理
    if ballrect.y < 0: ── ❽
        vy = -vy
    if ballrect.x < 0 or ballrect.x > 800 - 30: ── ❾
        vx = -vx
    if barrect.colliderect(ballrect): ── ❿
        vx = ((ballrect.x + 15) - (barrect.x + 50))  / 4 ── ⓫
        vy = random.randint(-10, -5) ── ⓬
        pg.mixer.Sound("sounds/pi.wav").play() ── ⓭
    ballrect.x += vx ── ⓮
    ballrect.y += vy
    screen.blit(ballimg, ballrect)
```

[メインループ]

最後にメインループで、⓯ゲームステージ関数を呼び出して動かしましょう。

⓰update関数 で表示を行い、⓱閉じるボタンが押されていないかもチェックしておきます。

これでできあがりです。

📄 入力プログラム：3（`block1.py`）

```
    # 2.この下をずっとループする
    while True:
        gamestage() ── ⓯
        # 6.画面を表示する
        pg.display.update() ── ⓰
        pg.time.Clock().tick(60)
```

▶次ページに続きます

```
# 7. 閉じるボタンが押されたら、終了する
for event in pg.event.get(): ── ⑰
    if event.type == pg.QUIT:
        pg.quit()
        sys.exit()
```

 出力結果

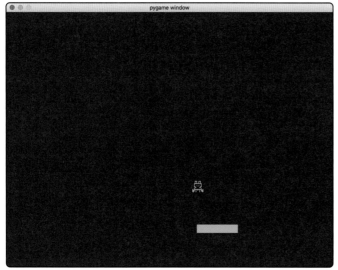

メニュー［Run→Run Module］で実行してください。

 ボール（カエルですが）が飛び出します。マウスでバーを移動させて反射させましょう。
バーの当てる位置で反射角度が変わるのが確認できますね。

ですが、失敗すると……あれ？　ボールが落ちて消えたままになってしまいます。画面の下に落ちた
ときの処理を行っていないからですね。

ボールを
打ち返せずに
画面の下に
落ちたら
ゲームオーバーです。

CHAPTER
5.2
ボールが画面の下に
移動したら、ゲームオーバー

作りたい機能を考える

画面の下に落ちたときの処理を作りましょう。画面の下に落ちたらゲームオーバー画面に切り換えます。

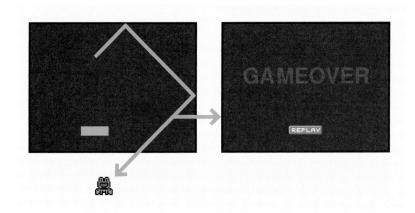

ボールが落ちたことを調べるので「**ゲームステージ関数**」を修正しましょう。

「**ゲームオーバー画面関数**」を作って、「**メインループ**」から切り換えられるようにします。何度も遊べるようにするために「**ゲームリセット関数**」も必要ですね。

ゲームオーバー画面で「REPLAY」ボタンを置くために、「**ゲームの準備**」でボタン画像を準備しておきましょう。リセットボタンが押されたら**page**変数を初期化するため、「**ボタンを押したらpageを切り換える関数**」も必要です。

いろいろ修正していきましょう。

ゲームの流れ図

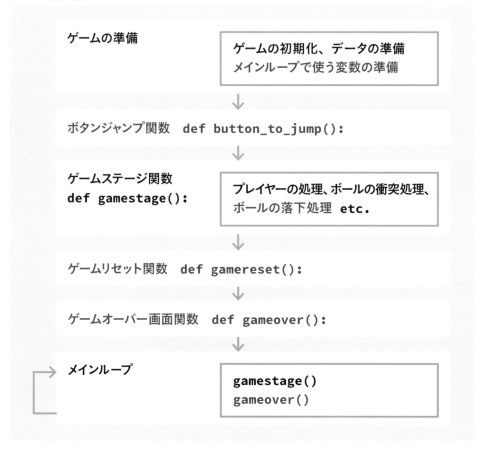

プログラムを修正する

block1.pyをコピーして、**block2.py**を作り、これを修正しましょう。
以下の【プログラムの修正箇所：1〜5】を順番に修正＆追加していきます。

［ボタンデータ］と［ボタンジャンプ関数］を追加

［ボタンデータ］を追加して、❶ボタンの画像を**replay_img**に読み込んでおきます。
また、ループで使う変数も追加しましょう。❷「ボタンはもう押しました**Flag**」の**pushFlag**を**False**
にして、❸ページ番号変数**page**を**1**に初期化します。
❹「**btn**を押したら、**newpage**にジャンプする」**button_to_jump**関数 も追加しておきます。
［ボールデータ］の下を、以下のように修正します。

プログラムの修正箇所：1（`block2.py`）

```
## ボタンデータ
replay_img = pg.image.load("images/replaybtn.png") ── ❶
## メインループで使う変数
pushFlag = False ── ❷
page = 1 ── ❸


## btnを押したら、newpageにジャンプする ── ❹
def button_to_jump(btn, newpage):
    global page, pushFlag
    # 4.ユーザーからの入力を調べる
    mdown = pg.mouse.get_pressed()
    (mx, my) = pg.mouse.get_pos()
    if mdown[0]:
        if btn.collidepoint(mx, my) and pushFlag == False:
            pg.mixer.Sound("sounds/pi.wav").play()
            page = newpage
            pushFlag = True
    else:
        pushFlag = False
```

[ゲームステージ関数] の [3. 画面を初期化する] を修正

[画面を初期化する] 部分に❺ `page` 変数を追加します。ゲームステージ関数の中から関数の外の **page** を書き換えるので、**global page** にします。
[ゲームステージ] の [3.画面を初期化する] を修正しましょう。

プログラムの修正箇所：2（`block2.py`）

```
def gamestage():
    # 3.画面を初期化する
    global vx, vy
    global page ── ❺
```

[ゲームステージ関数] にゲームオーバーの処理を追加

[ボールの処理] に❻ゲームオーバー処理を追加しましょう。ボールが画面の下に落ちたら、**page** を **2** にしてゲームオーバー画面に切り換えます。さらに、残念なサウンド（**down.wav**）も鳴らしましょう。[ボールの処理] に以下のように 3 行追加します。

📄 `py` プログラムの修正箇所：3（`block2.py`）

```python
## ボールの処理
if barrect.colliderect(ballrect):
            ⋮
    pg.mixer.Sound("sounds/pon.wav").play()


if ballrect.y > 600: ── ❻
    page = 2
    pg.mixer.Sound("sounds/down.wav").play()
```

[ゲームリセット関数] と [ゲームオーバー画面関数] を追加

❼ [データのリセット] と ❽ [ゲームオーバー] を追加しましょう。ゲームオーバー画面では、「REPLAY」ボタンを押したら **page** を **1** にして、ゲームステージに戻します。

📄 `py` プログラムの修正箇所：4（`block2.py`）

```python
## データのリセット ── ❼
def gamereset():
    global vx, vy
    vx = random.randint(-10,10)
    vy = -5
    ballrect.x = 400
    ballrect.y = 450

## ゲームオーバー ── ❽
def gameover():
    gamereset()
    screen.fill(pg.Color("NAVY"))
    font = pg.font.Font(None, 150)
```

```
text = font.render("GAMEOVER", True, pg.Color("RED"))
screen.blit(text, (100, 200))
btn1 = screen.blit(replay_img,(320, 480))
# 5.絵を描いたり、判定したりする
button_to_jump(btn1, 1)
```

［メインループ］を修正

最後にメインループを修正します。［6. 画面を表示する］の前に、❾**page** 変数を見て**gamestage()**
か、**gameover()** かを切り換える処理を入れます。

📄py プログラムの修正箇所：5（**block2.py**）

```
# 2.この下をずっとループする
while True:
    if page == 1: ── ❾
        gamestage()
    elif page == 2:
        gameover()
```

📄 出力結果

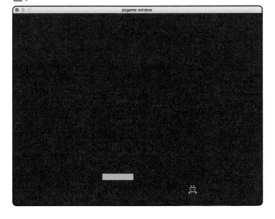
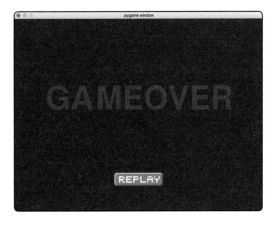

メニュー［Run → Run Module］で実行してください。
ボールをわざと落としましょう。ゲームオーバーになりますね。

ボールを反射してブロック崩し

ブロックを たくさん並べる

ブロックを
並べましょう。
ボールと衝突すると
ブロックが消えて
ボールは反射します。

作りたい機能を考える

「**動き回るボール**」と「**反射させる バー**」までできたので、今度はブロックを作りましょう。

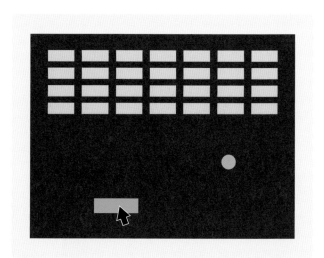

まず、ブロックをたくさん作りましょう。こういう「規則正しい並び」は **for** 文を使って位置を計算すると便利です。横7×縦4で以下のようにブロックを並べる場合、**for文の入れ子** が使えます。

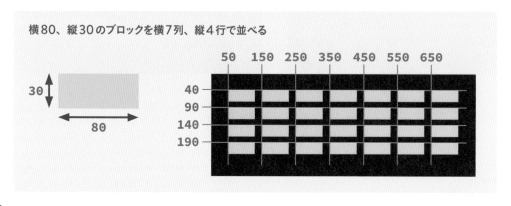

横80、縦30のブロックを横7列、縦4行で並べる

for文の入れ子 は、PART 1のP.082で九九の計算に使いましたね。それぞれのブロック間が上下左右20ずつあいているブロック群を作るため、X方向には50の位置から始まって100ずつ7回くり返し、Y方向には40から始まって50ずつ4回くり返すとします。横と縦、それぞれのブロックの開始点は、以下のように書くことができます。

ブロック群の位置と大きさの求め方

```
for yy in range(4):
    for xx in range(7):
        print("xx=",50+xx*100, "yy=",40+yy*50)
                      |                      |
                  0, 1, 2, 3…6           0, 1, 2, 3
```

xxとyyにはfor文の入れ子の中で以下の値が入る

```
xx= 50 yy= 40
xx= 150 yy= 40
xx= 250 yy= 40
:
xx= 650 yy= 190
```

これで求まった左上からの位置**xx**と**yy**に、画像の幅80と高さ30を指定すれば28個の並んだブロックのはじまりの位置と大きさを作ることができるというわけです。

■

次に、「**ボールがブロックと衝突したとき、ブロックを消す機能**」も必要です。消す方法はいろいろ考えられますが、お手軽なのは、「**位置と大きさをゼロに変更してしまう**」という方法です。

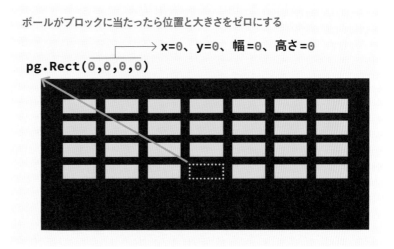

ボールがブロックに当たったら位置と大きさをゼロにする

x=0、y=0、幅=0、高さ=0
pg.Rect(0,0,0,0)

これならブロックは表示されなくなりますし、ボールと衝突することもありません。「データ自体を消して、並び替える処理」も不要です。

さらに、「**ブロックを全部消したときの処理**」も必要ですね。ブロックを消すたびに数を足していって、消した数が28個になったら「**ゲームクリア画面**」に切り換えるようにしましょう。

こう考えると、修正箇所は

● 「**ゲームの準備**」でブロックの位置をリストに作ること
● 「**ゲームステージ関数**」でブロックを表示したり、ボールと衝突していないかを調べること
● 「**ゲームクリア画面**」を作って、「**メインループ**」から切り換えられるようにすること
などです。

ゲームの流れ図

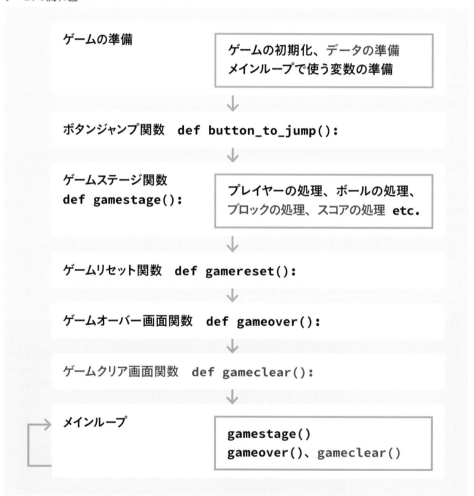

 プログラムを修正する

block2.pyをコピーして、**block3.py**を作り、これを修正しましょう。

以下の【**プログラムの修正箇所：1〜6**】を順番に修正＆追加していきます。これでブロック崩しができますよ。

［ブロックデータ］を追加

まずは［ブロックデータ］を作ります。❶空っぽの**blocks**リストを用意して、ここに❷28個のブロックの位置と大きさを入れていきます。縦に4行、横に7列のブロックの位置と大きさを**blocks**リストに追加していきます。値を追加するには**append関数**（P.198）を使うのでしたね。

［メインループで使う変数］に、❸消したブロックの個数を数えるための変数**score**を作ります。最初は**0**を入れておきます。［ボタンデータ］の下に以下のように追加しましょう。

📄 py プログラムの修正箇所：1（ **block3.py** ）

```
## ブロックデータ
blocks = []      ❶
for yy in range(4):      ❷
    for xx in range(7):
    blocks.append(pg.Rect(50+xx*100, 40+yy*50, 80, 30))
## メインループで使う変数
pushFlag = False
page = 1
score = 0      ❸
```

［ゲームステージ関数］の［3. 画面を初期化する］を修正

❹ゲームステージ関数の中から関数の外の**score**を書き換えるので、**global score**とします。

［ゲームステージ］の［3. 画面を初期化する］を修正します。

📄 py プログラムの修正箇所：2（ **block3.py** ）

```
def gamestage():
    # 3. 画面を初期化する
    global vx, vy
    global page
    global score      ❹
```

[ゲームステージ関数] に [ブロックの処理] を追加

[ボールの処理] の下に [ブロックの処理] を追加します。

❺ リスト **blocks** に入っている位置と大きさで、金色（**GOLD**）のブロックをくり返し表示します。

❻ もしもブロックとボールが衝突したら、ピコというサウンド（**piko.wav**）を鳴らして、ボールを縦に反射し、そのブロックの位置とサイズはゼロにして消します。

❼ 消したブロックの個数を数える変数 **score** に **1** を足して、❽ もしも 28 個消したら、嬉しいサウンド（**up.wav**）を鳴らして、**page** を **3** に変更し、ゲームクリア画面に切り換えます。

📄py プログラムの修正箇所：3（ **block3.py** ）

```
## ブロックの処理
n = 0
for block in blocks: ── ❺
    pg.draw.rect(screen, pg.Color("GOLD"), block)
    ## ブロックとボールが衝突したら、ボールを跳ね返してブロックを消す
    if block.colliderect(ballrect): ── ❻
        pg.mixer.Sound("sounds/piko.wav").play()
        vy = -vy
        blocks[n] = pg.Rect(0,0,0,0)
        score += 1 ── ❼
        if score == 28: ── ❽
            pg.mixer.Sound("sounds/up.wav").play()
            page = 3
    n += 1
```

[ゲームリセット関数] を修正

リプレイするには、位置と大きさをゼロにして消したブロックを復活させる必要があります。❾ **global score** と **global blocks** を追加して、❿ 初期化の処理を追加します。

📄py プログラムの修正箇所：4（ **block3.py** ）

```
## データのリセット
def gamereset():
    global vx, vy
    global score ── ❾
```

```
    global blocks
    vx = random.randint(-10, 10)
    vy = -5
    ballrect.x = 400
    ballrect.y = 450
    score = 0 ── ❿
    blocks = []
    for yy in range(4):
        for xx in range(7):
            blocks.append(pg.Rect(xx*100+50, yy*50+40, 80, 30))
```

[ゲームクリア画面関数] を追加

ゲームクリア画面を表示する❶「**gameclear関数**」を追加しましょう。**replay_img**をボタンとして描画して、押したら**page**を**1**にして、ゲームステージに戻します。

📄py プログラムの修正箇所：5（**block3.py**）

```
## ゲームクリア
def gameclear(): ── ⓫
    gamereset()
    screen.fill(pg.Color("GOLD"))
    font = pg.font.Font(None, 150)
    text = font.render("GAMECLEAR", True, pg.Color("RED"))
    screen.blit(text, (60, 200))
    btn1 = screen.blit(replay_img,(320, 480))
    # 5.絵を描いたり、判定したりする
    button_to_jump(btn1, 1)
```

[メインループ] を修正

最後にメインループを修正します。⓬**page**変数を見て、**gamestage()**か、**gameover()**か、**gameclear()**かを切り換えます。

プログラムの修正箇所：6（**block3.py**）

```python
# 2.この下をずっとループする
while True:
    if page == 1: — ⑫
        gamestage()
    elif page == 2:
        gameover()
    elif page == 3:
        gameclear()
    # 6.画面を表示する
```

出力結果

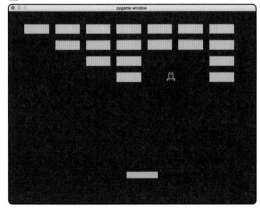

メニュー［Run→Run Module］で実行してください。

 さあ、ブロック崩しの完成です！ バーのどこに当てるかで、消すブロックを狙えるので戦略性のあるゲームになりましたね。コツがわかれば、クリアできますよ。

 完成版プログラム

最後に確認のため、完成版のプログラムを見てみましょう。

 完成版プログラム（**block3.py**）

```python
# 1.ゲームの準備をする
import pygame as pg, sys
import random
```

```python
pg.init()
screen = pg.display.set_mode((800, 600))
## バーデータ
barrect = pg.Rect(400, 500, 100, 20)
## ボールデータ
ballimg = pg.image.load("images/kaeru.png")
ballimg = pg.transform.scale(ballimg, (30, 30))
ballrect = pg.Rect(400, 450, 30, 30)
vx = random.randint(-10,10)
vy = -5
## ボタンデータ
replay_img = pg.image.load("images/replaybtn.png")
## ブロックデータ
blocks = []
for yy in range(4):
    for xx in range(7):
        blocks.append(pg.Rect(50+xx*100, 40+yy*50, 80, 30))
## メインループで使う変数
pushFlag = False
page = 1
score = 0


## btnを押したら、newpageにジャンプする
def button_to_jump(btn, newpage):
    global page, pushFlag
    # 4.ユーザーからの入力を調べる
    mdown = pg.mouse.get_pressed()
    (mx, my) = pg.mouse.get_pos()
    if mdown[0]:
        if btn.collidepoint(mx, my) and pushFlag == False:
            pg.mixer.Sound("sounds/pi.wav").play()
            page = newpage
            pushFlag = True
```

▶次ページに続きます

```python
        else:
            pushFlag = False

## ゲームステージ
def gamestage():
    # 3.画面を初期化する
    global vx, vy
    global page
    global score
    screen.fill(pg.Color("NAVY"))
    # 4.ユーザーからの入力を調べる
    (mx, my) = pg.mouse.get_pos()
    # 5.絵を描いたり、判定したりする
    ## バーの処理
    barrect.x = mx - 50
    pg.draw.rect(screen, pg.Color("CYAN"), barrect)
    ## ボールの処理
    if ballrect.y < 0:
        vy = -vy
    if ballrect.x < 0 or ballrect.x > 800 - 30:
        vx = -vx
    if barrect.colliderect(ballrect):
        vx = ((ballrect.x + 15) - (barrect.x + 50))  / 4
        vy = random.randint(-10, -5)
        pg.mixer.Sound("sounds/pi.wav").play()
    if ballrect.y > 600:
        page = 2
        pg.mixer.Sound("sounds/down.wav").play()
    ballrect.x += vx
    ballrect.y += vy
    screen.blit(ballimg, ballrect)
    ## ブロックの処理
    n = 0
    for block in blocks:
```

```python
            pg.draw.rect(screen, pg.Color("GOLD"), block)
            ## ブロックとボールが衝突したら、ボールを跳ね返してブロックを消す
            if block.colliderect(ballrect):
                pg.mixer.Sound("sounds/piko.wav").play()
                vy = -vy
                blocks[n] = pg.Rect(0,0,0,0)
                score += 1
                if score == 28:
                    pg.mixer.Sound("sounds/up.wav").play()
                    page = 3
            n += 1
## データのリセット
def gamereset():
    global vx, vy
    global score
    global blocks
    vx = random.randint(-10, 10)
    vy = -5
    ballrect.x = 400
    ballrect.y = 450
    score = 0
    blocks = []
    for yy in range(4):
        for xx in range(7):
            blocks.append(pg.Rect(xx*100+50, yy*50+40, 80, 30))


## ゲームオーバー
def gameover():
    gamereset()
    screen.fill(pg.Color("NAVY"))
    font = pg.font.Font(None, 150)
    text = font.render("GAMEOVER", True, pg.Color("RED"))
    screen.blit(text, (100, 200))
```

▶次ページに続きます

```python
        btn1 = screen.blit(replay_img,(320, 480))
        # 5.絵を描いたり、判定したりする
        button_to_jump(btn1, 1)


    ## ゲームクリア
    def gameclear():
        gamereset()
        screen.fill(pg.Color("GOLD"))
        font = pg.font.Font(None, 150)
        text = font.render("GAMECLEAR", True, pg.Color("RED"))
        screen.blit(text, (60, 200))
        btn1 = screen.blit(replay_img,(320, 480))
        # 5.絵を描いたり、判定したりする
        button_to_jump(btn1, 1)


    # 2.この下をずっとループする
    while True:
        if page == 1:
            gamestage()
        elif page == 2:
            gameover()
        elif page == 3:
            gameclear()
        # 6.画面を表示する
        pg.display.update()
        pg.time.Clock().tick(60)
        # 7.閉じるボタンが押されたら、終了する
        for event in pg.event.get():
            if event.type == pg.QUIT:
                pg.quit()
                sys.exit()
```

6

ブロック崩しから、シューティングゲームへ

今回の目標は「シューティングゲーム」です。どこから作ればいいか迷いますが、そういうときは見方を変えてみましょう。よく見ると、実は「シューティングゲーム」は「ブロック崩し」と似ているところがあるのです。ブロック崩しと比較しながら作っていきましょう。

CHAPTER
6.1
自機を
左右に移動

ブロック崩しを
シューティング
ゲームに
進化させましょう。

今回作るゲームの最終目標は、「**シューティングゲーム**」です。
イメージとしては、「**自機を操作して、弾を撃って、UFOを倒しながら進んで行く**」ゲーム
を作ります。さあ、考えてみましょう。

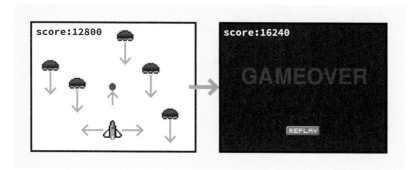

作りたい機能を考える

「**シューティングゲーム**」は、よく見ると「**ブロック崩し**」と似ています。

「**バーとボールとブロック**」を「**自機と弾と敵機**」に置き換えると、ほら、よく似たしくみでできてい
るでしょう？ これって **今あるしくみを改造すれば、違うゲームが作れる** ということです。具体的な
ゲームを、一度抽象的な骨組みに分解して考え直して、それをまた別の具体的なゲームに利用すると
いう面白い手法です。

ゲームの要素は「バーとボールとブロック」と「自機と弾と敵機」で似ていますが、動作が少し違い
ます。そこを考えましょう。

244

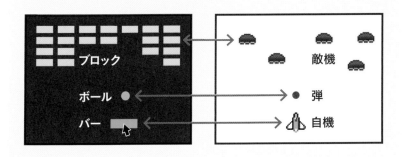

「**自機**」は **マウスの移動** で操作しましょう。マウスを左右に移動させると、自機がマウスにくっついて左右に移動します。水平に移動させたいので、縦方向は固定にしておきます。この動き、「バー」とソックリですね。

「**弾**」は、**マウスを押したとき** に発射され、その後自動でまっすぐ上に移動していきます。画面の上より外に出たら消えます。弾が消えたら、次の弾を撃てるようになります。

「**UFO（敵機）**」は、上から下へ落下してきます。画面の下より外に出たら画面の上に移動して、別のUFOとして再登場します。UFOが弾と衝突したら、UFOは消えます。

UFOが自機に衝突したらゲームオーバーです。

・

まずは、シューティングゲームの「**自機の操作**」と「**弾の発射**」の部分だけを作っていきましょう。

ゲームの流れ図

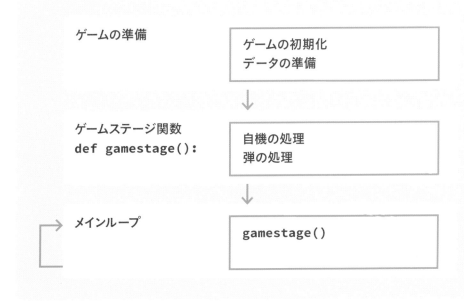

プログラム全体の流れをおさらいしましょう。まず「**ゲームの準備**」で、自機やミサイルのデータを準備します。次に、「**ゲームステージ関数**」の中でマウスで自機を移動させたり、ミサイルを発射します。最後に「**メインループ**」で、そのゲームステージ関数をくり返して動かします。

 プログラムを作る

以下の【入力プログラム：1～3】を順番に作っていきましょう。

［ゲームの準備］

❶自機データを用意します。 **myship.png**の画像を使いましょう。この画像を**myimg**に読み込み、少し小さく（**50**、**50**）しておきます。位置は、画面中央のバーより少し上（**400**、**500**）にして、**myrect**に入れておきます。

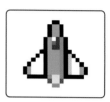

❷弾データを用意します。 **bullet.png**の画像を使いましょう。この画像を**bulletimg**に読み込み、かなり小さく（**16**、**16**）しておきます。弾の位置は発射されたときに設定されますから、今は仮に（**400**、**-100**）にして、**bulletrect**に入れておきましょう。

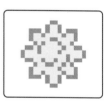

py 入力プログラム：1（**shoot1.py**）

```python
# 1. ゲームの準備をする
import pygame as pg, sys
import random
pg.init()
screen = pg.display.set_mode((800, 600))
## 自機データ ── ❶
myimg = pg.image.load("images/myship.png")
myimg = pg.transform.scale(myimg, (50, 50))
myrect = pg.Rect(400, 500, 50, 50)
## 弾データ ── ❷
bulletimg = pg.image.load("images/bullet.png")
bulletimg = pg.transform.scale(bulletimg, (16, 16))
bulletrect = pg.Rect(400, -100, 16, 16)
```

[ゲームステージ関数]

「ゲームステージ」を作りましょう。まず［**3. 画面を初期化する**］中で、❸背景を紺色（**NAVY**）で塗っておきます。

❹自機をマウスで操作するために、［4. ユーザーからの入力を調べる］で「マウスの位置」と「マウスを押したかどうか」を調べます。

［自機の処理］で、❺**自機** をマウスのX座標から25（自機の幅の半分）を引いた位置から描き始めます。

すると、マウスが自機の真ん中を指すように描画されます。

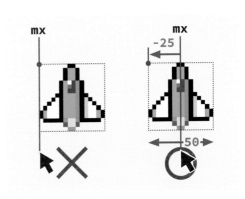

次は弾の処理です。今回のシューティングゲームは、ブロック崩しの「**ボールを弾に置き換えて**」作っているので「**弾は1つ**」しかありません。ですから何発も撃つには「**弾が画面の外に出て消えたら、次の弾として再登場させる**」という使い回しの方法で作ります（連射できるようにするには、弾をリストに入れるなど、別のしくみが必要になります）。そのため、❻弾を発射する条件は、「**マウスが押されたか**」と「**発射できる弾はあるか（弾のY座標が0より小さいか）**」の2つです。「`if mdown[0] and bulletrect.y < 0:`」で判定します。弾の初期値を`(400，-100)`にして、Y座標をマイナスにしていたのもこのためだったのです！

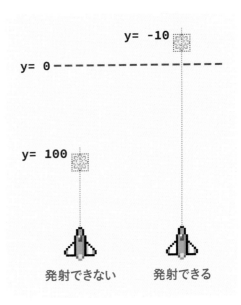

発射できない　　発射できる

❼弾は、自機の中心から発射します。「自機のX座標+25」が自機の中心です。そこから8（弾の半分の幅）を引いた位置に表示させれば、ちょうど中心に描画されます。

「`bulletrect.x = myrect.x + 25 - 8`」と指定します。Y座標は自機の頭と同じ位置にします。さらに、❽発射時にはピッというサウンド（`pi.wav`）を鳴らしましょう。

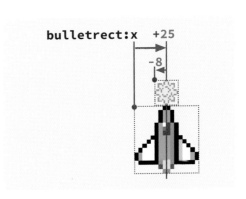

ただし、❾このままだと発射しても弾が自機の頭の位置に出現するだけになってしまいます。上に向かって発射されるようにするためには、「弾が画面の中にいるとき（Y座標が0以上）」、Y座標を15引いて描画します。

py 入力プログラム：2 (shoot1.py)

```
## ゲームステージ
def gamestage():
    # 3.画面を初期化する
    screen.fill(pg.Color("NAVY")) ── ❸
    # 4.ユーザーからの入力を調べる ── ❹
    (mx, my) = pg.mouse.get_pos()
    mdown = pg.mouse.get_pressed()
    # 5.絵を描いたり、判定したりする
    ## 自機の処理
    myrect.x = mx - 25 ── ❺
    screen.blit(myimg, myrect)
    ## 弾の処理
    if mdown[0] and bulletrect.y < 0: ── ❻
        bulletrect.x = myrect.x + 25 - 8 ── ❼
        bulletrect.y = myrect.y
        pg.mixer.Sound("sounds/pi.wav").play() ── ❽
    if bulletrect.y >= 0: ── ❾
        bulletrect.y += -15
        screen.blit(bulletimg, bulletrect)
```

[メインループ]

メインループで、❿ゲームステージ関数を呼び出して動かしましょう。

⓫**update関数** で表示を行い、⓬閉じるボタンが押されていないかもチェックしておきます。

これでできあがりです。

```
# 2.この下をずっとループする
while True:
    gamestage() ── ❿
    # 6.画面を表示する
    pg.display.update() ── ⓫
    pg.time.Clock().tick(60)
    # 7.閉じるボタンが押されたら、終了する ── ⓬
    for event in pg.event.get():
        if event.type == pg.QUIT:
            pg.quit()
            sys.exit()
```

出力結果

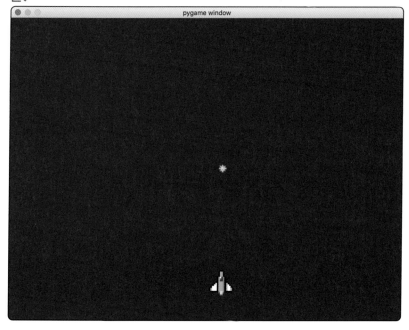

メニュー［Run→Run Module］で実行してください。

マウスを左右に移動させる と、自機が左右に移動します。**マウスを押す** と、自機から弾が発射され上に上がっていきますね。弾が画面の外に出て消えたら、次の弾が発射できます。

6

ブロック崩しから、シューティングゲームへ

CHAPTER
6.2
UFOが落下する

UFOをたくさん
落下させましょう。
画面の下に消えた
UFOは上に移動
させて使い回します。

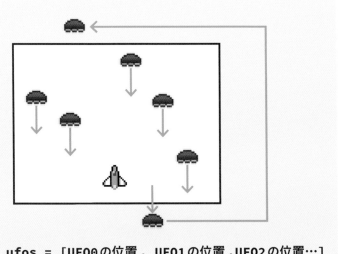

作りたい機能を考える

UFOをたくさん登場させて、
落下させましょう。

これも「**画面の外に出て消え
たら、別のUFOとして再登
場させる**」という使い回しの
方法で作ります。それぞれの
UFOの位置は、リストに入
れてくり返し処理します。

```
ufos = [UFO0の位置 ，UFO1の位置 ，UFO2の位置…]
```

プログラムを修正する

shoot1.pyをコピーして、**shoot2.py**を作り、これを修正しましょう。
以下の【**プログラムの修正箇所：1〜2**】を順番に修正&追加していきます。

［UFOデータ］の追加

❶［UFOデータ］を追加します。UFOは、**ufo.png**の画像を使いましょ
う。この画像を**ufoimg**に読み込み、少し小さく**(50，50)**しておきます。
これをたくさん作るために、❷まず空のリスト**ufos**を用意します。

ゲームスタート時にいきなり目の前にUFOが登場するとよけることができません。ゲームスタート後、しばらくしてから登場するように、画面のかなり上空から落下するようにしましょう。

UFOが、適度にばらつきながらランダムに落下してくるようにします。❸UFOの数は10個にしましょう。Y方向に-100から始まって100ずつ10回、上へくり返し並べていきます。左右は0〜800のランダムにします。これを、リスト**ufos**に追加して準備します。

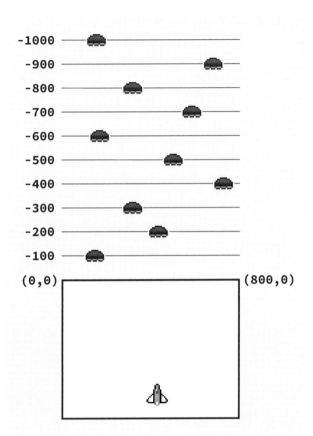

📄py プログラムの修正箇所：1（shoot2.py）

```
## UFOデータ ── ❶
ufoimg = pg.image.load("images/UFO.png")
ufoimg = pg.transform.scale(ufoimg, (50, 50))
ufos = [] ── ❷
for i in range(10): ── ❸
    ux = random.randint(0,800)
    uy = -100 * i
    ufos.append(pg.Rect(ux, uy, 50, 50))
```

[ゲームステージ] の [弾の処理] の下に追加

UFOデータが準備できたら、UFOを落下させる［UFOの処理］を追加します。

❹**for**文でリスト**ufos**の中身を1つずつ取り出し、Y座標に10足して描画します。これで、UFOは下に落下し続けます。

さらに、❺UFOが画面の下（Y座標が600より大きい）になったら、Y座標は-100、
左右は0〜800のランダムな位置に移動して使い回します。

📄py プログラムの修正箇所：2（shoot2.py）

```
## UFOの処理
for ufo in ufos: ── ❹
    ufo.y += 10
    screen.blit(ufoimg, ufo)
    if ufo.y > 600: ── ❺
        ufo.x = random.randint(0,800)
        ufo.y = -100
```

📄 出力結果

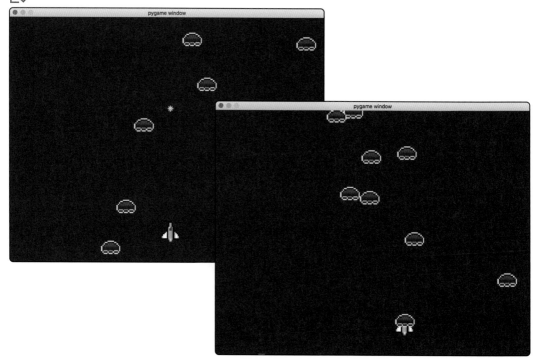

メニュー［Run→Run Module］で実行してください。

UFOが登場して落下するようになりました。
このUFOは、まだ衝突処理をしていませんから、衝突しても素通りしてしまいますね。

自機と
UFOが
衝突したら
ゲーム
オーバーです。

CHAPTER
6.3
自機とUFOが衝突したら、
ゲームオーバー

=

🎮 作りたい機能を考える

自機とUFOが衝突したときの処理を作りましょう。UFOに衝突したらゲームオーバー画面に切り換えます。

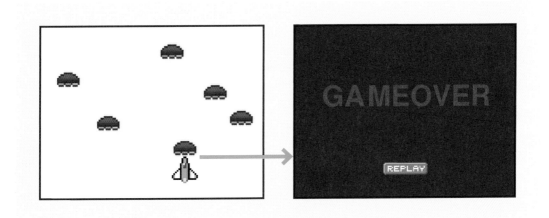

衝突判定は「**ゲームステージ関数**」で行います。

さらに「**ゲームリセット関数**」と「**ゲームオーバー画面関数**」を作って、「**メインループ**」からページを切り換えられるようにします。

「**ゲームの準備**」で、「REPLAY」ボタンを準備して、**page**変数も初期化します。「**ボタンを押したらpageを切り換える関数**」も追加しましょう。

6

ブロック崩しから、シューティングゲームへ

ゲームの流れ図

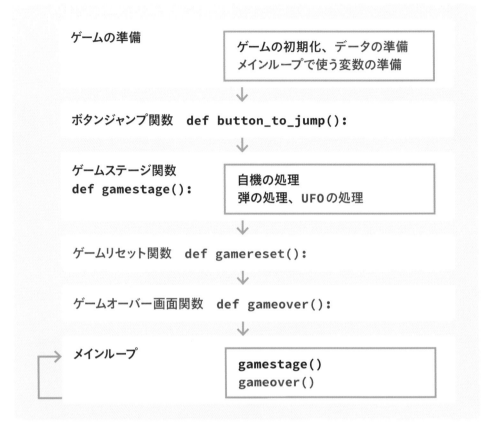

プログラムを修正する

shoot2.pyをコピーして、**shoot3.py**を作り、これを修正しましょう。
以下の【**プログラムの修正箇所：1〜5**】を順番に修正＆追加していきます。

[ボタンデータ]と[ボタンジャンプ関数]を追加

[ボタンデータ]を追加します。❶[UFOデータ]の下にボタンの画像を**replay_img**に読み込みましょう。さらに[ループで使う変数]も用意します。❷「ボタンはもう押しました**Flag**」の**pushFlag**を**False**にして、❸ページ番号変数**page**を**1**に初期化します。もう1つ、❹[**btn**を押したら、**newpage**にジャンプする]関数の、**button_to_jump関数**も追加しますよ。

📄py **プログラムの修正箇所：1（shoot3.py）**

```
## ボタンデータ
replay_img = pg.image.load("images/replaybtn.png") ── ❶
```

```
## メインループで使う変数
pushFlag = False ── ❷
page = 1 ── ❸


## btnを押したら、newpageにジャンプする ── ❹
def button_to_jump(btn, newpage):
    global page, pushFlag
    # 4.ユーザーからの入力を調べる
    mdown = pg.mouse.get_pressed()
    (mx, my) = pg.mouse.get_pos()
    if mdown[0]:
        pg.mixer.Sound("sounds/pi.wav").play()
        if btn.collidepoint(mx, my) and pushFlag == False:
            page = newpage
            pushFlag = True
    else:
        pushFlag = False
```

[ゲームステージ関数]の[3.画面を初期化する]を修正

[画面を初期化する]部分に❺**page**変数を追加します。ゲームステージ関数の中から関数の外の**page**を書き換えるので、**global page**とします。

📄py プログラムの修正箇所：2（shoot3.py）

```
def gamestage():
    # 3.画面を初期化する
    global vx, vy
    global page ── ❺
```

[ゲームステージ関数]の[UFOの処理]を修正

ゲームステージ関数の中の、[UFOの処理]を修正します。
もし、❻自機とUFOが衝突したら、**page**を**2**にしてゲームオーバーに切り換えます。
❼残念なサウンド（**down.wav**）も鳴らします。

```
    ## UFOの処理
    for ufo in ufos:
        ufo.y += 10
        screen.blit(ufoimg, ufo)
        if ufo.y > 600:
            ufo.x = random.randint(0,800)
            ufo.y = -100
        ## 自機とUFOの衝突処理
        if ufo.colliderect(myrect):        ── ❻
            page = 2
            pg.mixer.Sound("sounds/down.wav").play()    ── ❼
```

[ゲームリセット関数]と[ゲームオーバー画面関数]を追加

❽ [データのリセット]と❾ [ゲームオーバー]を追加しましょう。ゲームオーバー画面では、「REPLAY」ボタンを押したら**page**を**1**にして、ゲームステージに戻します。

py プログラムの修正箇所：4（shoot3.py）

```
## データのリセット ── ❽
def gamereset():
    myrect.x = 400
    myrect.y = 500
    bulletrect.y = -100
    for i in range(10):
        ufos[i] = pg.Rect(random.randint(0,800), -100 * i, 50, 50)

## ゲームオーバー ── ❾
def gameover():
    gamereset()
    screen.fill(pg.Color("NAVY"))
    font = pg.font.Font(None, 150)
    text = font.render("GAMEOVER", True, pg.Color("RED"))
```

```
        screen.blit(text, (100, 200))
        btn1 = screen.blit(replay_img,(320, 480))
        # 5.絵を描いたり、判定したりする
        button_to_jump(btn1, 1)
```

［メインループ］を修正

最後にメインループ部分を修正します。❿ page 変数を見て、**gamestage()** か、**gameover()** か
を切り換えます。

📄py プログラムの修正箇所：5（ **shoot3.py** ）

```
# 2.この下をずっとループする
while True:
    if page == 1: ── ❿
        gamestage()
    elif page == 2:
        gameover()
    # 6.画面を表示する
```

📄 出力結果

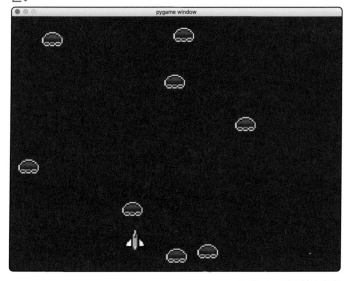

▶次ページに続きます

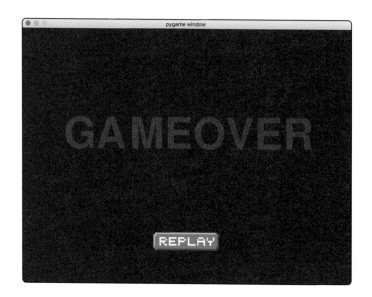

 メニュー［Run→Run Module］で実行してください。

自機をUFOに衝突させてみましょう。ゲームオーバー画面に切り換わりますね。

ですが、弾でUFOを撃っても素通りしてしまいます。

CHAPTER
6.4
弾とUFOが衝突したら、UFOが消える

> 撃った弾が
> UFOに
> 衝突したら
> UFO撃墜です。

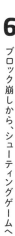

作りたい機能を考える

弾でUFOを撃ったら、UFOが消える処理を作りましょう。

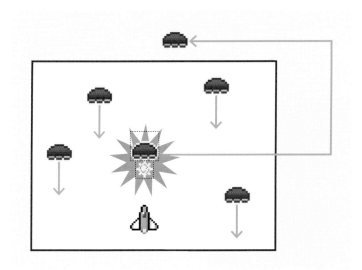

もし、弾とUFOが衝突したら、UFOを画面の上空に移動させることで画面内から消します。

プログラムを修正する

shoot3.pyをコピーして、**shoot4.py**を作り、これを修正しましょう。
以下の【**プログラムの修正箇所**】を修正します。

[弾とUFOの衝突処理]を追加

[自機とUFOの衝突処理]の下に❶[弾とUFOの衝突処理]を追加します。

❷もしも弾とUFOが衝突したら、UFOのY座標を-100にして上空に移動させ、X座標を0〜800でランダムな位置に移動させます。❸衝突した弾のY座標も-100にして画面から消します。❹命中したので、ピコッというサウンド（**piko.wav**）も鳴らしましょう。

📄py プログラムの修正箇所（shoot4.py）

```
## 自機とUFOの衝突処理
if ufo.colliderect(myrect):
    page = 2
    pg.mixer.Sound("sounds/down.wav").play()
## 弾とUFOの衝突処理 ── ❶
if ufo.colliderect(bulletrect): ── ❷
    ufo.y = -100
    ufo.x = random.randint(0,800)
    bulletrect.y = -100 ── ❸
    pg.mixer.Sound("sounds/piko.wav").play() ── ❹
```

📄 出力結果

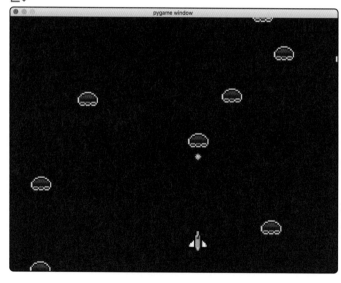

🤖 メニュー［Run→Run Module］で実行してください。
弾を発射してUFOに当てましょう。UFOが消えるのがわかります。ゲームはほぼ完成に近づきましたね。

260

6.5
星を降らせて、
スコアを追加

背景に
星を降らせて
雰囲気作りを
しましょう。

 作りたい機能を考える

ゲームのしくみとしては、ほぼ完成です。ですが、もう少しゲームらしさを追加しましょう。宇宙空間を飛んでいる感じを演出する「**エフェクト**」と、ゲームの上達度を実感できる「**スコア**」を追加します。

「**エフェクト**」は、ゲームそのものの動きには影響しませんが、ゲームの雰囲気を盛り上げるには重要です。

高速で宇宙空間を進んでいる感じを出すために、後ろに星を高速で落下させましょう。たくさんの星がそれぞれ違う速度で落ちていけば、ゲーム画面に奥行きを感じられます。

方法は、「たくさんの星を下に移動させて画面の下に消えたら、消えた星を上空に移動させて、別の星として再登場させる」なので、UFOと同じしくみで作れます。しかし、ただのエフェクトなので自機にも弾にもUFOにも衝突しません。

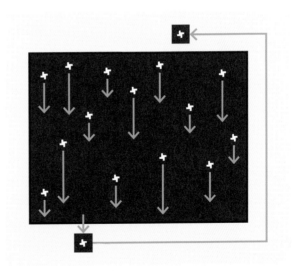

「**スコア**」も追加しましょう。「UFOを避けて進む」だけで10点ずつ増えるようにします。うまくUFOを撃ち落とすことができれば、1000点増えるようにしますよ。

6

ブロック崩しから、シューティングゲームへ

ゲームの流れ図

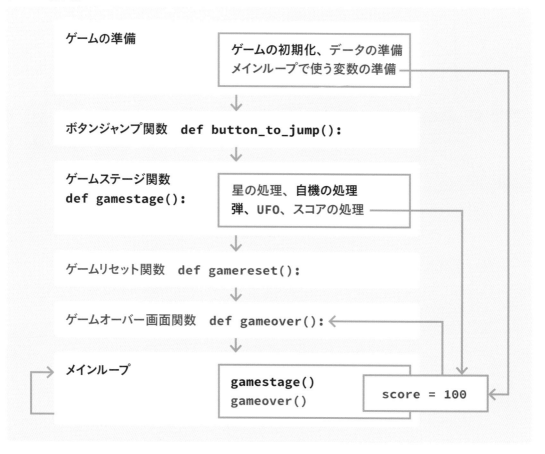

プログラムを修正する

shoot4.pyをコピーして、**shoot5.py**を作り、これを修正しましょう。
以下の【**プログラムの修正箇所：1～6**】を順番に修正&追加していきます。

[星のデータ] の追加

[UFOデータ] の下に [星のデータ] を追加します。
星は **star.png** の画像を使いましょう。❶この画像を **starimg** に読み込み、かなり小さく **(12，12)** しておきます。これをたくさん作るために、まず❷空のリスト **stars** を用意します。

星は、画面の中に表示されるようにするために、❸画面の中でランダムに表示させます。Y方向に0から始まって10ずつ60回、くり返し並べていきましょう。左右は0～800のランダムにします。

また、❹それぞれの落下速度を5〜8のランダムにしておきます。これを使って、それぞれ違う速度で落下させるのです。これを、リスト **stars** に追加して準備します。

py プログラムの修正箇所：1（**shoot5.py**）

```
## 星データ
starimg = pg.image.load("./images/star.png")  ── ❶
starimg = pg.transform.scale(starimg, (12, 12))
stars = []  ── ❷
for i in range(60):
    star = pg.Rect(random.randint(0,800), 10 * i, 30, 30)  ── ❸
    star.w = random.randint(5,8)  ── ❹
    stars.append(star)
```

［メインループで使う変数］を修正

［メインループで使う変数］に、❺**score** を追加します。

py プログラムの修正箇所：2（**shoot5.py**）

```
## メインループで使う変数
pushFlag = False
page = 1
score = 0  ── ❺
```

［ゲームステージ関数］に［星の処理］を追加

背景に流れる星は **一番最初に描画** します。なぜなら、最初に描いたものは、後から描いたものの下に表示されるからです。「星を最初に描いておいてから、他のものを描く」ようにすれば、星が一番奥の背景に描かれるのです。「**描画する順番**」は重要ですよ。

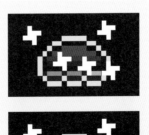

1. UFOを描画
　↓
2. 星を描画

1. 星を描画
　↓
2. UFOを描画

そこで、［5. 絵を描いたり、判定したりする］のすぐ下に［星の処理］を追加します。

❻for文でリストstarsの中身を1つずつ取り出し、Y座標にstar.wを足して描画します。これで、UFOはそれぞれ違う速度で落下し続けます。

さらに、❼星が画面の下（Y座標が600より大きい）まできたら、Y座標は0、左右は0〜800のランダムな位置に移動して使い回します。

📄py プログラムの修正箇所：3（shoot5.py）

```
# 5.絵を描いたり、判定したりする
## 星の処理
for star in stars: ── ❻
    star.y += star.w
    screen.blit(starimg, star)
    if star.y > 600: ── ❼
        star.x = random.randint(0,800)
        star.y = 0
## 自機の処理
myrect.x = mx - 25
screen.blit(myimg, myrect)
```

［ゲームステージ関数］の［弾とUFOの衝突処理］を修正

［弾とUFOの衝突処理］を修正しましょう。❽もし弾がUFOに命中（衝突）したら、スコアを1000点増やします。

📄py プログラムの修正箇所：4（shoot5.py）

```
## 弾とUFOの衝突処理
if ufo.colliderect(bulletrect):
    score = score + 1000 ── ❽
    ufo.y = -100
    ufo.x = random.randint(0,800)
    bulletrect.y = -100
    pg.mixer.Sound("sounds/piko.wav").play()
```

［ゲームステージ関数］に［スコアの処理］を追加

宇宙空間を一歩進むたび（**gamestage**関数が呼ばれるたび）に、❾スコアを10点増やします。
❿フォントを用意して、「SCORE：スコア」を左上 **(20, 20)** に描画します。

📄py プログラムの修正箇所：5（**shoot5.py**）

```
## スコアの処理
score = score + 10 ── ❾
font = pg.font.Font(None, 40) ── ❿
text = font.render("SCORE : "+str(score), True, pg.Color("WHITE"))
screen.blit(text, (20, 20))
```

［ゲームリセット関数］と［ゲームオーバー画面関数］を修正

［データのリセット］では、⓫「**global score**」「**score = 0**」を追加して、関数の外にある変数 **score** をリセットします。
［ゲームオーバー］の **gameover** 関数では、⓬そのスコアを表示させます。ゲームの結果がゲームオーバー画面でも確認できるためです。

📄py プログラムの修正箇所：6（**shoot5.py**）

```
## データのリセット
def gamereset():
    global score ── ⓫
    score = 0
    myrect.x = 400
    myrect.y = 500
    bulletrect.y = -100
    for i in range(10):
        ufos[i] = pg.Rect(random.randint(0,800), -100 * i, 50, 50)


## ゲームオーバー
def gameover():
    screen.fill(pg.Color("NAVY"))
    font = pg.font.Font(None, 150)
```

▶次ページに続きます

```
text = font.render("GAMEOVER", True, pg.Color("RED"))
screen.blit(text, (100, 200))
btn1 = screen.blit(replay_img,(320, 480))
font = pg.font.Font(None, 40) ── ⑫
text = font.render("SCORE : "+str(score), True, pg.Color("WHITE"))
screen.blit(text, (20, 20))
# 5.絵を描いたり、判定したりする
button_to_jump(btn1, 1)
## ボタンを押してリプレイしたら、ゲームをリセット
if page == 1:
    gamereset()
```

出力結果

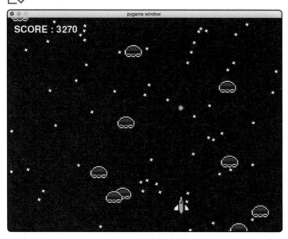

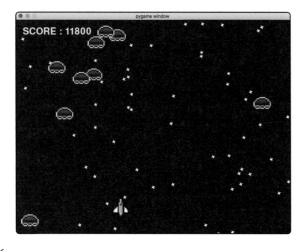

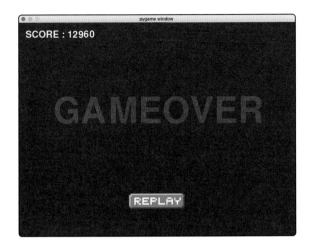

SCORE : 12960

GAMEOVER

REPLAY

メニュー［Run→Run Module］で実行してください。

ついに、シューティングゲームが完成しました！

UFOに当たらないように星の流れる宇宙空間を進みましょう。弾でUFOを撃つと1000点入ります。

ゲームオーバー画面ではスコアの結果が表示されますよ。

完成版プログラム

最後に確認のため、完成版のプログラムを見てみましょう。

py 完成版プログラム（shoot5.py）

```python
# 1.ゲームの準備をする
import pygame as pg, sys
import random
pg.init()
screen = pg.display.set_mode((800, 600))
## 自機データ
myimg = pg.image.load("images/myship.png")
myimg = pg.transform.scale(myimg, (50, 50))
myrect = pg.Rect(400, 500, 50, 50)
## 弾データ
bulletimg = pg.image.load("images/bullet.png")
bulletimg = pg.transform.scale(bulletimg, (16, 16))
bulletrect = pg.Rect(400, -100, 16, 16)
```

▶次ページに続きます

```python
## UFOデータ
ufoimg = pg.image.load("images/UFO.png")
ufoimg = pg.transform.scale(ufoimg, (50, 50))
ufos = []
for i in range(10):
    ux = random.randint(0,800)
    uy = -100 * i
    ufos.append(pg.Rect(ux, uy, 50, 50))
## 星データ
starimg = pg.image.load("./images/star.png")
starimg = pg.transform.scale(starimg, (12, 12))
stars = []
for i in range(60):
    star = pg.Rect(random.randint(0,800), 10 * i, 30, 30)
    star.w = random.randint(5,8)
    stars.append(star)
## ボタンデータ
replay_img = pg.image.load("images/replaybtn.png")
## メインループで使う変数
pushFlag = False
page = 1
score = 0


## btnを押したら、newpageにジャンプする
def button_to_jump(btn, newpage):
    global page, pushFlag
    # 4.ユーザーからの入力を調べる
    mdown = pg.mouse.get_pressed()
    (mx, my) = pg.mouse.get_pos()
    if mdown[0]:
        pg.mixer.Sound("sounds/pi.wav").play()
        if btn.collidepoint(mx, my) and pushFlag == False:
            page = newpage
```

```python
            pushFlag = True
    else:
            pushFlag = False


## ゲームステージ
def gamestage():
    # 3.画面を初期化する
    global score
    global page
    screen.fill(pg.Color("NAVY"))
    # 4.ユーザーからの入力を調べる
    (mx, my) = pg.mouse.get_pos()
    mdown = pg.mouse.get_pressed()
    # 5.絵を描いたり、判定したりする
    ## 星の処理
    for star in stars:
        star.y += star.w
        screen.blit(starimg, star)
        if star.y > 600:
            star.x = random.randint(0,800)
            star.y = 0
    ## 自機の処理
    myrect.x = mx - 25
    screen.blit(myimg, myrect)
    ## 弾の処理
    if mdown[0] and bulletrect.y < 0:
        bulletrect.x = myrect.x + 25 - 8
        bulletrect.y = myrect.y
        pg.mixer.Sound("sounds/pi.wav").play()
    if bulletrect.y >= 0:
        bulletrect.y += -15
        screen.blit(bulletimg, bulletrect)
    ## UFOの処理
```

▶次ページに続きます

```python
    for ufo in ufos:
        ufo.y += 10
        screen.blit(ufoimg, ufo)
        if ufo.y > 600:
            ufo.x = random.randint(0,800)
            ufo.y = -100
        ## 自機とUFOの衝突処理
        if ufo.colliderect(myrect):
            page = 2
            pg.mixer.Sound("sounds/down.wav").play()
        ## 弾とUFOの衝突処理
        if ufo.colliderect(bulletrect):
            score = score + 1000
            ufo.y = -100
            ufo.x = random.randint(0,800)
            bulletrect.y = -100
            pg.mixer.Sound("sounds/piko.wav").play()
    ## スコアの処理
    score = score + 10
    font = pg.font.Font(None, 40)
    text = font.render("SCORE : "+str(score), True, pg.Color("WHITE"))
    screen.blit(text, (20, 20))


## データのリセット
def gamereset():
    global score
    score = 0
    myrect.x = 400
    myrect.y = 500
    bulletrect.y = -100
    for i in range(10):
        ufos[i] = pg.Rect(random.randint(0,800), -100 * i, 50, 50)
```

```
## ゲームオーバー
def gameover():
    screen.fill(pg.Color("NAVY"))
    font = pg.font.Font(None, 150)
    text = font.render("GAMEOVER", True, pg.Color("RED"))
    screen.blit(text, (100, 200))
    btn1 = screen.blit(replay_img,(320, 480))
    font = pg.font.Font(None, 40)
    text = font.render("SCORE : "+str(score), True, pg.
Color("WHITE"))
    screen.blit(text, (20, 20))
    # 5.絵を描いたり、判定したりする
    button_to_jump(btn1, 1)
    ## ボタンを押してリプレイしたら、ゲームをリセット
    if page == 1:
        gamereset()


# 2.この下をずっとループする
while True:
    if page == 1:
        gamestage()
    elif page == 2:
        gameover()
    # 6.画面を表示する
    pg.display.update()
    pg.time.Clock().tick(60)
    # 7.閉じるボタンが押されたら、終了する
    for event in pg.event.get():
        if event.type == pg.QUIT:
            pg.quit()
            sys.exit()
```

おめでとうございます。
ついにいろいろなゲームを作ることができるようになりましたね。

「長いプログラムだったけど、意味がわかるとちょっと簡単かも」と感じませんか？
プログラミングをはじめた最初の頃は、「**難しいなあ。これは自分にはできないかも……**」と不安に
思っていた気持ちが、「**できるようになった。簡単かも**」に変わったときは、自分がレベルアップした
ような感じになります。これは「ゲームを遊ぶときの快感」にも似ています。「**こんな強敵倒せない。**
こんな謎は解けそうもない」と思っていたものが「**クリアできた**」という喜びに変わる快感です。

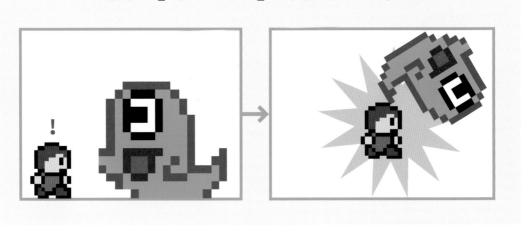

ゲームやプログラムは、なぜ楽しい？
「できない」を「できる」に変えられる快感！

そう感じられたら、しめたものです。あなたのプログラミングの冒険はここから始まるのです。

Appendix

巻末付録

Pygame
リファレンス

pygameでゲーム作りを頑張るあなた
のために、とっておきのお役立ちペー
ジを用意しました。本書で使用した
pygameの命令を一覧で確認するこ
とができます。 pygameで使える色が
わかるプログラムもあるので活用して
みてくださいね。

この本で使用しているpygameの命令を一覧でまとめました。

 pygame全体に命令する

pygameを初期化する

`pg.init()`

pygameを終了する

`pg.quit()`

pythonプログラムを終了する

`sys.exit()`

ゲーム用ウィンドウを作る

`screen = pg.display.set_mode((幅, 高さ))`

 図形を描画する

画面を塗りつぶす

`screen.fill(色)`

色を指定する

`pg.Color("色の名前")`

四角形を描く

`pg.draw.rect(screen, 色, (X, Y, 幅, 高さ))`

線を引く

```
pg.draw.line(screen, 色, (X1, Y1), (X2,Y2), 太さ)
```

円を描く

```
pg.draw.ellipse(screen, 色, (X, Y, 幅, 高さ), 太さ)
```

 画像を描画する

画像を読み込む

```
画像変数 = pg.image.load("画像ファイルパス")
```

画像を描画する

```
screen.blit(画像変数, (X, Y))
```

画像を描画して、その範囲を取得する

```
画像の範囲 = screen.blit(画像変数, (X, Y))
```

画像のサイズを変更する

```
画像変数 = pg.transform.scale(画像変数, (幅,高さ))
```

画像を上下左右反転する

```
画像変数 = pg.transform.flip(画像変数, 左右反転, 上下反転)
```

 文字を描画する

フォントを準備する

```
font = pg.font.Font(None, 文字サイズ)
```

文字列の画像を作る

```
画像変数 = font.render("文字列", True, 色)
```

 Rectを作る

Rectを作る

```
変数 = pg.Rect(X, Y, 幅, 高さ)
```

 時間を調整する

1秒間にこの回数以下のスピードにする

```
pg.time.Clock().tick(1秒間にこの回数以下のスピードにする)
```

 キーボード・マウス入力を調べる

今、どのキーが押されているかを調べる

```
キー変数 = pg.key.get_pressed()
```

今、マウスボタンが押されているかを調べる

```
マウス変数 = pg.mouse.get_pressed()
```

マウスがどこを指しているかを調べる

`(mx，my) = pg.mouse.get_pos()`

衝突を判定する

ある点（X，Y）が、rectAの範囲内にあるかを調べる

`変数（範囲内にあるかないか?） = rectA.collidepoint(X，Y)`

rectAとrectBが衝突しているかを調べる

`変数（衝突したか、していないか?） = rectA.colliderect(rectB)`

rectAが、リストの中のどれかのrectと衝突しているか調べる

`変数（何番目と衝突したか??） = rectA.collidelist(リスト)`

音を鳴らす

指定したサウンドファイルを鳴らす

`pg.mixer.Sound("サウンドファイルパス").play()`

色の名前一覧プログラム

pygameで使える色は、**pg.color.THECOLORS**のリストに入っています。**for**文でくり返し取り出して、名前を表示させてみましょう。

📄 入力プログラム（`colorlist.py`）

```python
import pygame as pg

for color in pg.color.THECOLORS:
    print(color)
```

📄 出力結果

```
aliceblue
antiquewhite
antiquewhite1
antiquewhite2
 :
```

名前がたくさん出てきましたが、実際にはどんな色なのかよくわかりませんね。そこで、pygameの画面を使って『**色の名前を表示するアプリ**』を作ってみました。

pygameで使える色を使って四角形を描いて、そこにその色の名前を重ねます。色によって読みにくくならないように、文字の色は黒と白の2列で表示します。また、pygameで使える色数はとても多いので、1画面に収まりません。上下キーを押すと、続きを表示できるようにしましたよ。

📄 入力プログラム（`colorbar`）

```python
import pygame as pg, sys
pg.init()
screen = pg.display.set_mode((800, 600))
colors = []
for c in pg.color.THECOLORS:
    colors.append(c)
font = pg.font.Font(None, 22)
startID = 0
```

```python
while True:
    screen.fill(pg.Color("WHITE"))
    textimg = font.render("Up/Down keys to move.", True, pg.
Color("BLACK"))
    screen.blit(textimg, (300, 560))
    n = startID
    for i in range(11):
        for j in range(5):
            if (n < len(colors)):
                c = pg.Color(colors[n])
                x = j * 150 + 30
                y = i * 50
                pg.draw.rect(screen, c, (x, y, 140, 40))
                textimg = font.render(colors[n], True, pg.
Color("BLACK"))
                screen.blit(textimg, (x + 5, y + 4))
                textimg = font.render(colors[n], True, pg.
Color("WHITE"))
                screen.blit(textimg, (x + 5, y + 20))
                n += 1
    key = pg.key.get_pressed()
    if key[pg.K_DOWN]:
        startID = startID + 5
        if startID > len(colors):
            startID = len(colors) - 2
    if key[pg.K_UP]:
        startID = startID - 5
        if startID < 0:
            startID = 0
    pg.display.update()
    pg.time.Clock().tick(30)
    for event in pg.event.get():
        if event.type == pg.QUIT:
            pg.quit()
            sys.exit()
```

出力結果

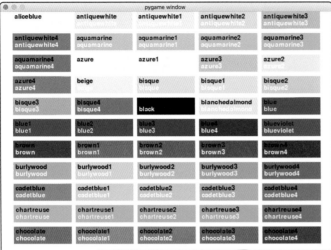

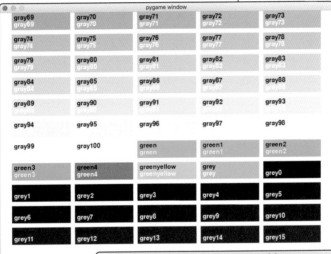

grey71 grey72 grey73 grey74 grey75
grey71 grey72 grey73 grey74 grey75

grey76 grey77 grey78 grey79 grey80
grey76 grey77 grey78 grey79 grey80

grey81 grey82 grey83 grey84 grey85
grey81 grey82 grey83 grey84 grey85

grey86 grey87 grey88 grey89 grey90
grey86 grey87 grey88 grey89 grey90

grey91 grey92 grey93 grey94 grey95
grey91 grey92 grey93 grey94 grey95

grey96 grey97 grey98 grey99 grey100

honeydew honeydew1 honeydew2 honeydew3 honeydew4
honeydew3 honeydew4

hotpink hotpink1 hotpink2 hotpink3 hotpink4
hotpink hotpink1 hotpink2 hotpink3 hotpink4

indianred indianred1 indianred2 indianred3 indianred4
indianred indianred1 indianred2 indianred3 indianred4

ivory ivory1 ivory2 ivory3 ivory4
ivory3 ivory4

khaki khaki1 khaki2 khaki3 khaki4
khaki khaki2 khaki3 khaki4

lavender lavenderblush lavenderblush1 lavenderblush2 lavenderblush3
lavenderblush3

lavenderblush4 lawngreen lemonchiffon lemonchiffon1 lemonchiffon2
lavenderblush4 lawngreen lemonchiffon2

lemonchiffon3 lemonchiffon4 lightblue lightblue1 lightblue2
lemonchiffon3 lemonchiffon4 lightblue lightblue2

lightblue3 lightblue4 lightcoral lightcyan lightcyan1
lightblue3 lightblue4 lightcoral

lightcyan2 lightcyan3 lightcyan4 lightgoldenrod lightgoldenrod1
lightcyan2 lightcyan3 lightcyan4 lightgoldenrod lightgoldenrod1

lightgoldenrod2 lightgoldenrod3 lightgoldenrod4 lightgoldenrodyellow lightgray
lightgoldenrod2 lightgoldenrod3 lightgoldenrod4 lightgray

lightgreen lightgrey lightpink lightpink1 lightpink2
lightgreen lightgray lightpink lightpink1 lightpink2

lightpink3 lightpink4 lightsalmon lightsalmon1 lightsalmon2
lightpink3 lightpink4 lightsalmon lightsalmon1 lightsalmon2

lightsalmon3 lightsalmon4 lightseagreen lightskyblue lightskyblue1
lightsalmon3 lightsalmon4 lightseagreen lightskyblue lightskyblue1

lightskyblue2 lightskyblue3 lightskyblue4 lightslateblue lightslategray
lightskyblue2 lightskyblue3 lightskyblue4 lightslateblue lightslategray

lightslategrey lightsteelblue lightsteelblue1 lightsteelblue2 lightsteelblue3
lightslategrey lightsteelblue lightsteelblue1 lightsteelblue2 lightsteelblue3

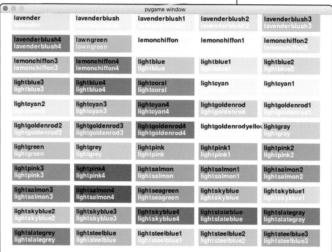

lightsteelblue4 lightyellow lightyellow1 lightyellow2 lightyellow3
lightsteelblue4 lightyellow2 lightyellow3

lightyellow4 linen limegreen magenta magenta1
lightyellow4 linen limegreen magenta magenta1

magenta2 magenta3 magenta4 maroon maroon1
magenta2 magenta3 magenta4 maroon maroon1

maroon2 maroon3 maroon4 mediumaquamarine mediumblue
maroon2 maroon3 maroon4 mediumaquamarine mediumblue

mediumorchid mediumorchid1 mediumorchid2 mediumorchid3 mediumorchid4
mediumorchid mediumorchid1 mediumorchid2 mediumorchid3 mediumorchid4

mediumpurple mediumpurple1 mediumpurple2 mediumpurple3 mediumpurple4
mediumpurple mediumpurple1 mediumpurple2 mediumpurple3 mediumpurple4

mediumseagreen mediumslateblue mediumspringgreen mediumturquoise mediumvioletred
mediumseagreen mediumslateblue mediumspringgreen mediumturquoise mediumvioletred

midnightblue mintcream mistyrose mistyrose1 mistyrose2
midnightblue mistyrose mistyrose1 mistyrose2

mistyrose3 mistyrose4 moccasin navajowhite navajowhite1
mistyrose3 mistyrose4 navajowhite navajowhite1

navajowhite2 navajowhite3 navajowhite4 navy navyblue
navajowhite2 navajowhite3 navajowhite4 navy navyblue

oldlace olivedrab olivedrab1 olivedrab2 olivedrab3
olivedrab olivedrab1 olivedrab2 olivedrab3

Up/Down keys to move.

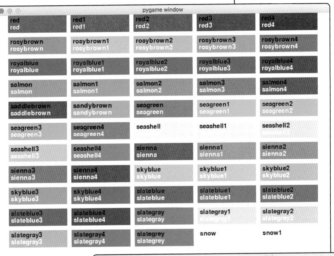

pygame window

olivedrab4	orange	orange1	orange2	orange3
orange4	orangered	orangered1	orangered2	orangered3
orangered4	orchid	orchid1	orchid2	orchid3
orchid4	palegreen	palegreen1	palegreen2	palegreen3
palegreen4	palegoldenrod	paleturquoise	paleturquoise1	paleturquoise2
paleturquoise3	paleturquoise4	palevioletred	palevioletred1	palevioletred2
palevioletred3	palevioletred4	papayawhip	peachpuff	peachpuff1
peachpuff2	peachpuff3	peachpuff4	peru	pink
pink1	pink2	pink3	pink4	plum
plum1	plum2	plum3	plum4	powderblue
purple	purple1	purple2	purple3	purple4

pygame window

red	red1	red2	red3	red4
rosybrown	rosybrown1	rosybrown2	rosybrown3	rosybrown4
royalblue	royalblue1	royalblue2	royalblue3	royalblue4
salmon	salmon1	salmon2	salmon3	salmon4
saddlebrown	sandybrown	seagreen	seagreen1	seagreen2
seagreen3	seagreen4	seashell	seashell1	seashell2
seashell3	seashell4	sienna	sienna1	sienna2
sienna3	sienna4	skyblue	skyblue1	skyblue2
skyblue3	skyblue4	slateblue	slateblue1	slateblue2
slateblue3	slateblue4	slategray	slategray1	slategray2
slategray3	slategray4	slategrey	snow	snow1

pygame window

snow2	snow3	snow4	springgreen	springgreen1
springgreen2	springgreen3	springgreen4	steelblue	steelblue1
steelblue2	steelblue3	steelblue4	tan	tan1
tan2	tan3	tan4	thistle	thistle1
thistle2	thistle3	thistle4	tomato	tomato1
tomato2	tomato3	tomato4	turquoise	turquoise1
turquoise2	turquoise3	turquoise4	violet	violetred
violetred1	violetred2	violetred3	violetred4	wheat
wheat1	wheat2	wheat3	wheat4	white
whitesmoke	yellow	yellow1	yellow2	yellow3
yellow4	yellowgreen			

Up/Down keys to move.

こんなにたくさん使える色があるんですね。色と名前が一致したことで、色の名前がわかりやすくなりました。

ちなみに、色の名前は小文字で表示されていますが、**pg.Color("色の名前")** で指定する場合の名前は、大文字でも小文字でも、間にスペースが入っていても指定できます。例えば、「**skyblue**」でも「**SKYBLUE**」でも「**Sky Blue**」でも同じ色を指定できるのです。本書で色を指定する際は、色の名前であることが見分けられるよう、大文字で統一しています。

 pygameはこんな風に、**ゲーム**だけでなく**便利ツール**を作ることもできるのです。

INDEX

STAFF

ブックデザイン：岩本 美奈子
本文イラスト：森 巧尚
DTP：AP_Planning
担当：角竹 輝紀
　　　古田 由香里

AUTHOR

森 巧尚 もりよしなお

パソコンが登場した『マイコンBASICマガジン』(電波新聞社)の時代からゲームを作り続けて約40年。現在は、コンテンツ制作や執筆活動を行い、また関西学院大学、関西学院高等部、成安造形大学、大阪芸術大学の非常勤講師や、プログラミングスクールコプリの講師など、プログラミングに関わる幅広い活動を行っている。

著書に『ゲーム作りで楽しく学ぶ オブジェクト指向のきほん』(マイナビ出版)、『楽しく学ぶ Unity2D超入門講座』(マイナビ出版)、『楽しく学ぶ Unity3D超入門講座』(マイナビ出版)、『作って学ぶ iPhoneアプリの教科書〜人工知能アプリを作ってみよう！〜』(マイナビ出版)、『楽しく学ぶ アルゴリズムとプログラミングの図鑑』(マイナビ出版)、『Python2年生 データ分析のしくみ』(翔泳社)、『Python2年生 スクレイピングのしくみ』(翔泳社)、『動かして学ぶ！ Vue.js開発入門』(翔泳社)、『Python1年生』(翔泳社)、『Java1年生』(翔泳社)、『なるほど！ プログラミング 動かしながら学ぶ、コンピュータの仕組みとプログラミングの基本』(SBクリエイティブ)、『小学生でもわかるiPhoneアプリのつくり方』(秀和システム) など多数。

ゲーム作りで楽しく学ぶ
Pythonのきほん

2021年 6月25日　初版第1刷発行
2024年 3月19日　　　　第7刷発行

　　著者　森 巧尚
　発行者　角竹 輝紀
　発行所　株式会社マイナビ出版
　　　　　〒101−0003　東京都千代田区一ツ橋2−6−3　一ツ橋ビル2F
　　　　　☎0480−38−6872(注文専用ダイヤル)
　　　　　☎03−3556−2731(販売)
　　　　　☎03−3556−2736(編集)
　　　　　編集問い合わせ先：pc-books@mynavi.jp
　　　　　URL：https://book.mynavi.jp
印刷・製本　株式会社ルナテック